KB114849

시골집 곤충 관찰기

펴낸날	2024년 8월 13일
지은이	장현주 · 이담비
펴낸이	조영권
만든이	노인향
꾸민이	ALL design group
펴낸곳	자연과생태
등록	2007년 11월 2일(제2022-000115호)
주소	경기도 파주시 광인사길 91, 2층
전화	031-955-1607 팩스 0503-8379-2657
이메일	econature@naver.com
블로그	blog.naver.com/econature
ISBN	979-11-6450-064-2 03490

시골집
곤충 관찰기

장현주 글, 사진·이담비 그림

자연과생태

호기심, 탐구심 많은 엄마와

저는 도시에서 태어나고 자랐지만 늘 시골을 동경했습니다. 호기심이 많아서인지 항상 자연이 궁금하고 좋았거든요. 그래서 방학 때 시골 친척집에 다녀온 친구들의 이야기를 들으면 얼마나 설렜는지 모릅니다. 나이가 들어서도 그 마음은 변하지 않았고, 결국 저는 도시를 떠나 시골로 이사를 왔습니다.

시골에서 생활하며 만난 자연은 상상 이상으로 경이로웠습니다. 그중에서도 기온이 올라가면 시도 때도 없이 나타나는 곤충은 시나브로 제게 특별한 존재로 각인되었습니다. 이웃 농부는 곤충과 전쟁을 치르며 살아가는데 저는 곤충의 매력에 푹 빠져 버린 거죠.

즐겁게 곤충을 관찰하고 공부하다 보니 이 내용을 책으로 엮고 싶어졌습니다. 그런데 막상 시작하려니 어디서부터 손을 대야 할지 막막하더라고요. 방법을 찾다가 어릴 적에 곤충을 좋아했고 지금은 그림을 그리는 딸에게 도움을 청했습니다. 딸이 선뜻 함께해 준 덕분에 차근히 정리할 수 있었습니다.

이 책에는 지금까지 제가 시골에서 지내며 관찰하고 공부한 내용만 담았기에 다소 아쉬운 점이 있을 수도 있습니다. 이 부분에 대해서는 독자 여러분께 먼저 양해를 구합니다. 다만 한편으로는, 그렇기에 어린 시절 제가 친구들의 시골 경험담을 들으며 설렜던 것처럼 누군가는 이 책을 설레고 즐거운 시골 곤충담으로 읽을 수 있지 않을까 기대해 봅니다.

곤충을 좋아하는 저도 이따금 어떤 곤충을 징그럽다고 느낍니다. 그렇지만 곤충 생태를 알고 나면 그런 느낌이 편견에서 비롯했다는 걸 깨닫습니다. 또한 사람 편의에 맞춘 삶의 방식이 자연에 좋지 않은 영향을 미친다는 것도 깨닫고요. 어떻게 하면 우리가 자연 안에서 곤충을 비롯한 여러 생물과 공생할 수 있을지, 이 책을 읽는 여러분과 함께 생각해 보고 싶습니다.

장현주

그림 그리는 딸이 함께 엮은 시골집 곤충기

어릴 적 저는 꿈이 곤충 박사였을 만큼 곤충을 좋아했습니다. 한번은 하교 길에 본 구더기를 종이컵 가득 담아 온 바람에 엄마가 기겁을 하신 적도 있습니다. 또 한번은 방아깨비를 수십 마리 잡아 와서는 베란다에 풀어놓은 통에 한동안 베란다 문을 열지 못한 적도 있고요.

하지만 점점 자라면서 어릴 적 기억은 희미해졌고, 곤충은 무섭고 징그러워서 만지지도 못하는 어른이 되었습니다. 귀촌하신 부모님을 뵈러 가서도 사방에서 튀어나오는 곤충이 무서워 집 밖을 나가지 않을 정도였습니다.

그러던 어느 날, 엄마가 곤충 책의 그림 작업을 제안하셨습니다. 처음에는 곤충을 그리는 것만으로도 징그러워 털이 쭈뼛쭈뼛 곤두섰습니다. 그런데 엄마의 설명을 듣고, 다양한 환경 요인에 따라 진화한 구조를 살피고, 특징적인 행동을 관찰하는 사이에 오랫동안 잊고 있었던 곤충에 대한 흥미가 되살아났습니다.

저는 이 책을 작업하면서 곤충을 이해하게 되었고, 징그럽다는 편견도 깰 수 있었습니다. 그렇기에 이 책이 평소에 곤충을 무서워하던 분에게는 곤충을 흥미로운 존재로 여기는 계기가 되기를, 원래 곤충을 좋아하던 분에게는 더욱 다양하게 곤충을 바라보는 또 다른 시선이 되기를 바랍니다.

마지막으로, 엄마와 함께 책 작업을 하면서 매미 채집을 하거나 작은 콩벌레를 현미경으로 관찰하는 등 잊지 못할 추억이 많이 생겨 기쁩니다. 엄마와 제게 그랬듯 독자 여러분에게도 이 책이 행복한 모험으로 기억되면 좋겠습니다.

이담비

고마운 마음을 전합니다.

- 저는 곤충을 좋아하지만 물릴까 봐 맨손으로 잡지 못합니다.
  이런 저를 위해 남편은 밭에서 일하다가 새로운 곤충을 보면 꼭
  잡아다 줍니다. 저는 그 곤충을 투명한 통에 넣어 사진을 찍은 다음
  컴퓨터로 확대해서 관찰합니다. 실력이 부족한데도 많은 곤충을
  만날 수 있었던 건 남편 덕분입니다. 고마워요.
- 시골로 이사 온 뒤, 자연 다큐멘터리를 제작하는 성기수 선생님께
  3년간 곤충에 관해 배웠습니다. 곤충 기초 지식을 닦는 데에 많은
  도움이 되었습니다. 감사합니다.
- 국립생물자원관 교육 프로그램에서 다살이연구소의 곤충
  박사님들께 분야별 수업을 들었습니다. 제가 갖가지 질문을 하는
  통에 괴로우셨을 텐데도 성실하게 가르쳐 주신 박사님들께 참으로
  감사드립니다. 덕분에 오랜만에 최우수학생상도 받았네요.
- 오래전, 국립공원에서 숲해설 자원봉사를 한 적이 있습니다.
  그때 생물자원의 소중함, 자연을 사랑하는 마음 등 많은 걸 배우고
  얻었습니다. 지금까지 자연의 덕을 보며 살아왔으니 앞으로는 힘
  닿는 데까지 환경을 보전하고자 노력하겠습니다.
- 처음 출판사에 보냈던 원고를 다시 읽어 보니 웃음이 나옵니다.
  다시 천천히 잘 써 보라며 응원해 주신 조영권 대표님 덕분에
  마무리를 잘할 수 있었습니다. 용기를 주셔서 감사합니다.
  어수선한 사진과 글을 깔끔하게 정리해 주신 노인향 편집장님께도
  감사드립니다.

일러두기
- 시골집 안팎에서 자주 만나는 곤충을 소개했습니다. 분류학적으로는 곤충이 아니지만
  흔히 벌레라고 부르며, 역시나 시골집 주변에서 볼 수 있는 생물도 일부 다뤘습니다.
- 세밀화는 종의 형태 특징을 더욱 자세히 보여 주고자 실었으며 실제 크기, 비율과는
  무관합니다.

이런!
곤충과 같이
살게 되었습니다

출발!
동네로 떠나는
곤충 탐사

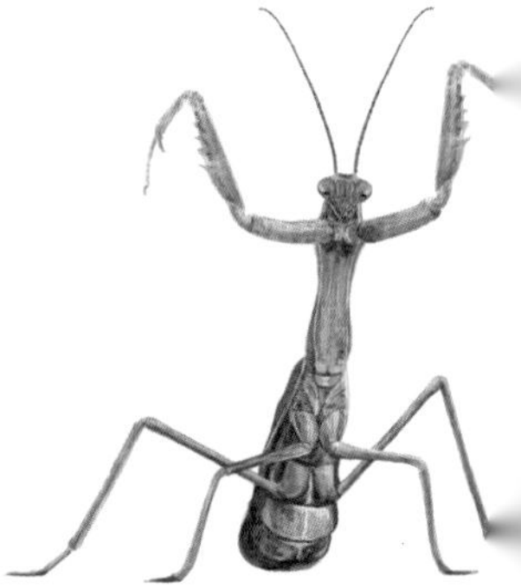

늦반딧불이

반짝반짝! 무슨 뜻이게?

제가 사는 곳은 도시에서 멀리 떨어져 있을 뿐만 아니라 주변에 공장이나 축사도 없는 깊은 시골입니다. 말 그대로 청정 지역이어서 반딧불이도 쉽게 볼 수 있습니다. 반딧불이는 아주 맑은 1급수에 사는 달팽이나 다슬기를 주로 먹기 때문에 청정함의 대명사로 여겨지지요. 반딧불이도 종류*가 많은데요, 우리 집 주변에는 늦반딧불이가 삽니다. 다른 반딧불이들은 보통 5월부터 나타나지만 늦반딧불이는 8월 말부터 보입니다. 그래서 이름 앞에 '늦'이 붙었습니다. 알에서 깨어나 애벌레 시기를 보낸 뒤, 땅속으로 들어가 번데기 과정을 거치고 이듬해에 어른벌레가 되어 번식합니다.

늦반딧불이. 다른 반딧불이보다 늦게 나와서 이름에
'늦'이 붙었습니다.

대모송장벌레. 늦반딧불이와 비슷하게 생겼습니다.

수컷은 배마디 두 줄에서 빛이 나옵니다.

8월 말의 어느 날 저녁, 곤충 하나가 집 안으로 날아 들어왔습니다. 재빨리 투명한 통으로 곤충을 잡았습니다. 대모송장벌레와 비슷하게 생겼으나 송장벌레 종류는 아니었습니다. 혹시 늦반딧불이일까 싶어서 얼른 집 안의 불을 꺼 봤습니다. 그 순간! 자그맣지만 확실한 빛이 반짝반짝했습니다. 반딧불을 이렇게나 가까이에서 보다니, 얼마나 신기하고 황홀하던지요! 집으로 날아온 녀석은 수컷 늦반딧불이였습니다. 배마디 끄트머리 두 줄이 반짝거렸거든요. 수컷은 배마디의 두 줄, 암컷은 한 줄에서만 빛이 납니다.

반딧불이는 꼭 어른벌레일 때 짝을 찾으려고만 빛을 내지는 않습니다. 알이나 애벌레 시기에도 포식자에게 보내는 경고로써 빛을 내기도 합니다. 반딧불이 몸에는 루시부파긴이라는 독성 물질이 있어서 '그러니 나를 먹지 마시오!'라는 뜻으로 반짝이기도 하는 거지요. 반딧불이가 빛을 낼 수 있는 것 또한 몸에 루시페린이라는 발광 물질이 있어서입니다. 이 물질에서 저절로 빛이 나지는 않고, 산소와 결합하면 빛을 낼 수 있습니다. 그리고 이 빛은 차갑습니다. 만약 빛에서 열이 난다면 반딧불이의 몸이 다 익어 버리겠지요.

다음날 저녁, 늦반딧불이 암컷을 찾으러 나갔습니다. 수컷보다 빛이 약해 암컷인 줄 알고 잡으면 꼭 애벌레였습니다. 몇 번을 속고 나서야 애벌레 또한 약하게 빛을 낸다는 사실을 알았습니다. 아직 탐사 실력이 부족해서인지 그날 밤에는 끝내 암컷을 찾지 못했습니다.

늦반딧불이 수컷은 눈이 커다랗고 툭 튀어나왔습니다. 깜깜한 밤에 암컷이 내는 약한 빛을 잘 찾아야 하거든요. 크고 튀어나온 눈을 보호하기라도 하듯 주황색 앞가슴등판은 방패처럼 변형되어 머리를 덮습니다. 앞가슴등판이 온통 주황색이라면 머리 위쪽을 보기는 어려울 텐데, 재밌게도 양 눈 바로 윗부분은 또 창문처럼 투명**합니다. 암컷은 수컷을 찾느라 애쓰지 않아도 되니 눈이 수컷처럼 크지 않습니다. 굳이 날 필요도 없어서인지 속날개가 퇴화했고, 겉날개도 아주 작습니다. 대신 에너지를 비축해서 알을 낳아야 하니 덩치는 수컷보다 월등히 큽니다.

수컷 머리

윗면. 앞가슴등판이 머리를 덮었습니다.
눈 바로 위쪽 앞가슴등판은 창문처럼 투명합니다.

아랫면. 눈이 아주 커다랗습니다.

수컷. 까만 날개에 덮여서 그렇지
몸은 주황색입니다.

암컷. 날개가 퇴화해서
거의 흔적만 남았습니다.

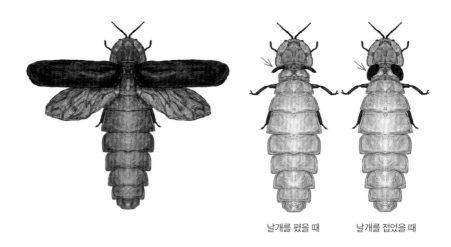

날개를 폈을 때　　　　날개를 접었을 때

애벌레

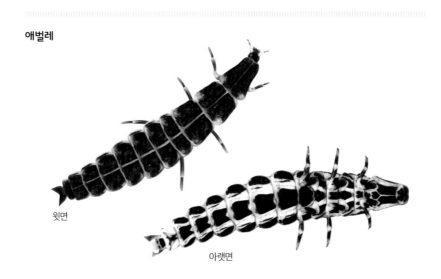

윗면

아랫면

• 늦반딧불이처럼 빛을 내며 비교적 흔히 볼 수 있는 우리나라 반딧불이들을 함께 소개합니다. 아래에 실은 그림은 국립생물자원관에서 만든 반딧불이 자료를 바탕으로 그렸습니다.

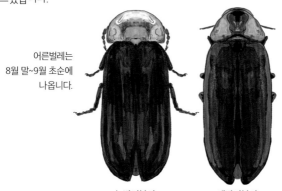

어른벌레는 8월 말~9월 초순에 나옵니다.

어른벌레는 6월 중순~7월 초순에 나옵니다. 크기가 작아서 이름 앞에 '애'가 붙었습니다.

늦반딧불이   애반딧불이

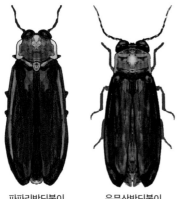

파파리반딧불이와 운문산반딧불이는 생김새에서 일부 다른 점이 있지만, 이것을 서로 다른 종이라 구별할 만한 차이점으로 보기 어렵다는 의견이 있습니다. 그래서 파파리반딧불이를 운문산반딧불이의 동종이명(같은 종인데 이름이 다른 것)으로 여기기도 합니다. 어른벌레는 5월 중순~7월 초순에 나옵니다.

파파리반딧불이   운문산반딧불이

눈

•• 깊은 바다에 사는 물고기 배럴아이(통안어)는 아예 머리 위쪽이 다 투명합니다. 그래서 머리 위쪽도 곧장 보며 주변을 살필 수 있다고 합니다.

레이스가 하늘하늘

시골집 꽃밭에서 키우고 싶은 식물 중 하나가 해바라기였습니다. 처음에는 우리 집 땅 상태가 어떤지도 모른 채 씨를 심었습니다. 잘 자라지 않아 애를 태운 다음에야 딱딱한 땅에다 씨로 심은 게 문제였다는 걸 알았습니다. 이듬해에 모종을 옮겨 심었더니 잘 자라더라고요.

무럭무럭 커서 씨를 가득 품은 해바라기는 사람에게는 좋은 관상식물이, 새들에게는 맛난 먹이식물이 되었습니다. 그런데 신기하게도 새들이 먹고 퍼트린 해바라기 씨는 제가 심었을 때와 달리 잘 자랐습니다. 덕분에 이제 해바라기는 애써 키우지 않아도 빈 땅이면 어디든 쑥쑥 큽니다.

어느 날, 정원을 손질하다가 해바라기 잎 뒷면에서 꾸물대는 먼지 같은 걸 봤습니다. 루페로 확대해 보니 버즘나무방패벌레였습니다. 외국에서 들어온

버즘나무방패벌레 윗면

버즘나무방패벌레 아랫면

방패벌레로 우리나라에서는 버즘나무에서 처음 발견되어 이런 이름이 붙었습니다. 그러나 버즘나무에서만 살지는 않고요, 우리 집 정원에서처럼 해바라기에서도 많이 삽니다.

버즘나무방패벌레는 노린재목에 속하며, 빨대처럼 생긴 주둥이로 잎에서 즙을 빨아 먹습니다. 그래서 해충으로 취급됩니다. 아! 식물을 살릴 것인가, 곤충을 살릴 것인가? 시골에서 정원을 가꾸면 이런 기로에 설 때가 많지만 이번에는 큰 고민 없이 곤충을 살리는 쪽으로 마음이 기울었습니다. 해바라기는 이미 너무 자유분방해져서 제 관리 영역을 넘어섰거든요.

게다가 루페로 자세히 살펴보니 버즘나무방패벌레 이 녀석, 어쩜 이렇게 생겼나 싶게 귀엽습니다. 투명한 날개가 특히나 인상 깊습니다. 방패벌레의 영어 이름은 레이스 버그(Lace bug)인데요, 정말 레이스처럼 날개 무늬가 섬세합니다. 여리여리해 보이는 날개는 자그마한 몸통을 방패처럼 덮습니다.

버즘나무방패벌레 날개 무늬에서 영감을 받아
원피스를 만들어 봤어요.

지하 왕국 발견

꽃밭에다가 부용을 옮겨 심으려고 땅을 파다가 개미굴을 발견했습니다. 생각보다 얕은 곳에 있어 깜짝 놀랐습니다. 하얀색 밥풀처럼 생긴 고치가 보였습니다. 벌 고치는 질서 정연하던데, 개미 고치는 아무렇게나 던져진 듯했습니다.

집 주변 땅에다 농약을 치지 않아서일까요, 아니면 시골에 살면서 관찰력이 좋아진 걸까요? 개미굴이 자꾸 보입니다. 웬만한 나무 아래는 어디를 파도 개미굴이 있습니다. 개미는 땅속에다 몇 층에 걸쳐 복잡한 왕국을 건설한다던데, 이렇게까지 굴이 많은 걸 보면 단연코 지하 세계의 주인공은 개미 같습니다.

주변에 가장 흔해서 자신 있게 알아볼 수 있는 개미는 일본왕개미입니다. 이름에 '왕'자가 들어간 데에서 알 수 있듯이 덩치가 매우 큽니다. 굴 입구를

일본왕개미(병정개미)

지키는 병정개미는 특히 더 크고요. 혹시 위급한 상황이 생기면 병정개미는 큰 머리로 굴 입구를 틀어막습니다.

일본왕개미는 곰개미와 헷갈리기도 합니다. 둘을 나란히 놓고 비교하면 금방 차이점을 알 수 있지만 바깥에서 따로따로 보면 구별하기가 쉽지 않습니다. 이럴 때는 가슴을 먼저 살펴봅니다. 일본왕개미는 가슴이 역삼각형 같고, 곰개미는 호리병처럼 가운데가 움푹 들어갔습니다. 이 차이점은 옆모습에서도 드러납니다. 생태에서 다른 점은 곰개미는 집을 지키는 병정개미가 없습니다.

개미는 보통 더듬이로 서로 몸을 두드리며 의사소통합니다. 그런데 적이 쳐들어왔다거나 먹이가 있는 곳으로 안내해야 할 때는 몸속에 있는 화학 물질인 페르몬을 뿜어서 의사소통하기도 합니다.

잡식성이라 꽃꿀도 먹고, 곤충 사체도 먹고, 집에서 버섯을 재배해 먹기도 합니다. 그리고 진딧물 꽁지에서 나오는 단물도 먹습니다. 개미와 진딧물은 공생 관계입니다. 개미는 진딧물을 보호해 주고 단물을 얻습니다. 개미가 단물을 먹지 않으면 진딧물은 몸에 단물이 쌓여 죽습니다.

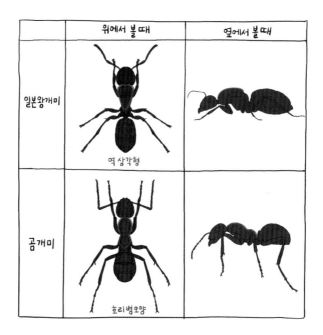

	위에서 볼 때	옆에서 볼 때
일본왕개미	역 삼각형	
곰개미	호리병모양	

병정개미 얼굴

개미 고치

일본왕개미에 기생하는 가시개미

더듬이로 의사소통을 합니다.

진딧물과 개미. 공생 관계입니다.

밀샘에서 꿀을 먹는 곰개미

씨앗에 달린 엘라이오솜

　개미는 식물과도 도움을 주고받으며 삽니다. 벚나무는 가지에 있는 밀샘을 개미에게 내어 줍니다. 개미가 꿀을 먹으러 오가는 동안은 벚나무를 괴롭히는 다른 곤충이 오지 않거든요. 그러니까 벚나무는 개미에게 꿀을 주고 경비병을 얻는 셈입니다. 제비꽃을 비롯한 여러 식물(애기똥풀, 금낭화, 광대나물 등)은 개미를 통해서 씨앗을 널리 퍼트립니다. 씨앗에다가 엘라이오솜(지방 덩어리)을 붙여 두면 개미가 씨앗을 통째로 들고 집으로 가져갑니다. 그리고는 엘라이오솜만 먹고 씨앗을 버리거든요.

　개미는 뛰어난 사회성 곤충입니다. 노동을 담당하는 일개미(＋병정개미), 생식과 1세대 양육을 맡는 여왕개미, 생식만 도맡는 수개미가 철저히 분업 체계를 이루고 살아갑니다. 한 마리 한 마리가 각자의 삶을 산다기보다는 집단 전체가 마치 하나의 생명체처럼 움직입니다. 이런 방식으로 살아가는 생물을 초개체(Superorganism)라고 합니다.

결혼비행을 하기 전 여왕개미는 공주개미라고 부릅니다. 수개미들이 우르르 날아오르면 공주개미도 결혼비행을 시작합니다. 유전적 다양성을 위해 공주개미는 꼭 다른 집단 수개미 여러 마리와 짝짓기를 합니다. 짝짓기가 끝나면 수개미는 죽습니다. 무리에서 받아 주지도 않고, 스스로 먹이를 구할 줄도 모릅니다. 생식만이 수개미에게 주어진 일이기 때문입니다.

여왕개미는 수개미에게서 받은 정자를 바로 수정하지 않고 몸에 저장해 둡니다. 나중에 알을 낳을 때에 필요한 만큼 꺼내서 수정합니다. 결혼비행을 끝내고 땅으로 내려온 여왕개미는 스스로 날개를 떼어 냅니다. 그리고는 굴을 파서 알을 낳습니다. 이때부터 1세대 일개미가 깨어 나올 때까지 여왕개미는 아무것도 먹지 못하고 알을 낳고 키우는 데에만 정성을 쏟습니다.

1세대 일개미가 생기면 그제야 여왕개미는 양육에서 손을 떼고 알을 낳는 일에만 집중합니다. 나머지 일은 모두 자매 사이인 일개미들이 맡아서 합니다. 일개미 수가 점점 늘어나 조직이 커지면서 분업도 착착 이루어집니다.

여왕개미. 어쩌면 이름만 여왕이지 그저 알 낳기 담당인지도 모르겠습니다. 알을 제대로 낳지 못하면 자기가 만든 왕국에서 쫓겨나기도 하거든요.

날개알락파리

엉덩이가 귀여워

시골로 이사 오고서 큰 개를 키웁니다. 제가 사는 곳은 오지라 멧돼지가 자주 나타나는데, 큰 개가 한번 짖으면 앞산에 메아리가 칠 정도여서 멧돼지가 얼씬하지 않습니다. 얼마나 든든한지 모릅니다. 그런데 큰 개는 덩치가 크다 보니, 먹기도 많이 먹고 싸기도 많이 쌉니다. 개똥이 매일 한 바가지씩 생깁니다. 바빠서 며칠만 개똥을 못 치우면 수북이 쌓인답니다. 그래서 파리도 많이 꼬입니다.

하루는 개똥을 치우다가 똥에 앉은 날개알락파리에 무심코 눈길이 갔습니다. 산지 주변에 살며 주로 동물 똥에 모여드는 녀석입니다. 툭 불거진 붉은 주둥이 때문에 꼭 SF 영화에 나오는 괴생물 같다고 생각했는데 어라! 독특한 얼굴과는 달리 엉덩이가 너무 귀엽습니다?

생김새가 꼭 SF 영화에 나오는 괴생물 같습니다.

개똥 먹는 모습

　파리는 으레 지저분하거나 귀찮은 존재로 여겨지기에 당연히 귀여운 구석도 없을 줄 알았는데 아니었습니다. 이 사실을 널리 알리고 싶은데 무턱대고 파리 엉덩이가 귀엽다고 하면 이상한 사람 취급받을 것 같아서 사진을 찍었습니다. 주변에 있는 개똥을 피해서 파리한테 들키지 않으려고 숨을 꾹 참으면서 살살 다가갔지요. 세상에, 파리 엉덩이를 이렇게 정성스럽게 찍는 날이 올 줄은 몰랐네요.

반전 엉덩이. 정말 귀엽지 않나요?

네발나비 무리

미네랄이 좋아

후덥지근하고 습도 높은 6월입니다. 장마가 시작되어 거센 비가 내리기 전에 일을 많이 해 놔야 하니 이 무렵에는 농부들이 특히나 땀을 많이 흘립니다. 농부가 벗어 놓은 장갑에 은판나비가 앉았습니다. 날개도 크고 날갯짓도 활력이 넘칩니다. 봄에 봤던 네발나비와 단번에 비교가 됩니다. 네발나비는 어른벌레로 겨울을 나고 이른 봄에 깨어나서 몰골이 말이 아니거든요.

은판나비. 땀에 젖은 장갑에서 미네랄을 빨아 먹고 있습니다.

대왕나비. 슬리퍼에 묻은 땀에서 미네랄을 빨아 먹고 있습니다.

홍점알락나비. 된장 항아리에 앉아서 미네랄을 빨아 먹고 있습니다.

은판나비가 장갑에 앉아 무얼 하나 지켜보니, 장갑에 묻은 땀을 먹고 있습니다. 정확히는 땀에 함유된 소금(미네랄)을 먹는 거겠죠. 미네랄은 신진대사에 꼭 필요하거든요. 은판나비는 참나무 수액도 좋아하고, 동물 사체에도 잘 모입니다.

마당에서 죽은 은판나비를 봤습니다. 나비 몸을 유심히 관찰할 기회입니다. 그런데 다리가 2쌍만 보입니다. 곤충 다리는 3쌍인데 말이지요. 아주 자세히 살펴보니 맨 앞쪽에 매우 가느다란 다리가 있습니다. 아마 쓸모가 없어서 퇴화했나 봅니다. 몸에서 더 이상 필요하지 않은 기관이 작아지거나 사라지는 현상을 퇴화라고 합니다. 퇴화도 진화의 한 종류지요.

죽은 은판나비는 다리를 오므리고 있습니다. 곤충을 비롯한 동물은 죽자마자 근육이 수축됩니다(사후경직). 보통 동물은 시간이 지나면서 수축되었던 근육이 풀리는데요, 곤충은 시간이 한참 지나도 경직 상태가 이어집니다. 죽은 은판나비의 다리가 계속 오므라져 있는 이유이지요.

이어서 빨대입(주둥이)을 살펴봅니다. 빨대입은 영어로 프로보시스(Proboscis)라고 하며, 곤충의 기다란 주둥이를 가리킵니다. 은판나비의 빨대입은 이름처럼 빨대가 2개 붙어 있는 것처럼 보입니다. 하지만 이 빨대는 속이 비어 있지 않습니다. 신경이나 근육으로 채워져 있어요.

그럼 미네랄이나 수액은 어떻게 빨아들이는 걸까요? 속이 꽉 찬 빨대와 빨대 사이에 좁은 틈이 있습니다. 이 틈이 모세관 역할을 하며 스펀지처럼 수분을 흡수합니다. 그러니까 은판나비의 빨대입은 에너지를 써서 수분을 빨아들이지 않고 모세관 현상에 따라 수분이 저절로 흡수되는 구조입니다. 다만 빨대입은 말 그대로 흡수만 하고, 맛은 파리처럼 발로 느낍니다.

은판나비

아랫면. 죽은 나비여서 긴 다리
2쌍이 오므라들었습니다.
맨 앞다리는 퇴화해서 아주
작습니다.

윗면

은판나비 빨대입(주둥이)

옆면

정면

내부 구조. 빨대같이 보이는
구조 사이로 틈이 있고, 이 틈으로
스펀지처럼 영양분을 흡수합니다.

집 주변에서 만난 네발나비들

표범나비. 날개에 표범무늬 같은 점이 있습니다.

암끝검은표범나비 수컷. 암컷과 생김새가 달라 다른 종으로 착각하기도 합니다.

뿔나비. 아랫입술수염이 유난히 길게 튀어나와 이름에 '뿔'이 붙었습니다.

6월 무렵에는 뿔나비가 무리 지어 있는 모습을 흔히 볼 수 있습니다.

왕오색나비 수컷. 암컷은 수컷처럼 앞날개에 청람색이 나타나지 않으며, 만나기가 어렵습니다.

강자도 없고 약자도 없지

마당에 층층나무를 심었습니다. 가지가 아래에서부터 위로 층을 쌓듯 자라는 데요, 옆에서 보면 1층, 2층, 3층……이 확연히 나뉘고 성장 속도도 아주 빠릅니다. 그러다 보니 숲에서는 본의 아니게 볕을 독차지합니다. 층층나무가 울창해질수록 천천히 자라는 주변 나무들은 볕을 받을 수가 없습니다.

숲속 강자라고 할 수도 있겠지만 사실 자연에는 절대 강자도 절대 약자도 없습니다. 층층나무에게도 천적이 있거든요. 바로 황다리독나방 애벌레입니다. 4월쯤 부화한 애벌레는 층층나무 잎만을 갉아 먹습니다. 황다리독나방 애벌레가 나오고 나면 층층나무 잎으로 가려졌던 하늘이 열리고 주변의 어린 나무들도 볕을 받아 광합성을 할 수 있습니다.

심은 지 1년밖에 되지 않은 층층나무가 이만큼 자랐습니다.

황다리독나방 종령 애벌레는 털이 아주 많습니다. 덕분에 천적의 공격을 막을 수 있습니다. 이를테면 기생벌이 이 애벌레에다 알을 낳으려 해도 털이 많아서 침을 정확하게 찌르기가 어렵습니다. 그러니까 수많은 털은 애벌레의 몸을 지키는 성벽인 셈입니다.

황다리독나방 초령 애벌레

종령 애벌레. 털이 많아집니다.

나뭇잎을 말고 들어가는 애벌레

빈 고치

죽은 황다리독나방.
다리가 노랗습니다.

오두방정 번데기

여름밤이면 가족들과 평상에 앉아 시원한 밤바람을 쐬며 도란도란 이야기를 나눕니다. 그런데 이 시간을 방해하는 곤충이 있습니다. 바로 모기입니다. 그럴 때면 모기향을 피우기는 하지만 마음이 조금 불편합니다. 첫째로는 모기향 속 화학 성분 때문이고, 둘째로는 아무리 모기라고는 해도 어쨌든 생명을 죽이는 일이니까요.

　모기향이 없던 옛날에는 말린 쑥을 태워서 모기를 쫓았습니다. 다만 쑥을 태울 때 연기가 너무 많이 나서 모기는 물론이고 사람도 숨 쉬기가 어려웠답니다. 모기를 죽이지 않고 퇴치하는 또 다른 방법으로는 모기 애벌레인 장구벌레가 살 만한 물 고인 곳을 미리 청소해 두는 겁니다.

장구벌레

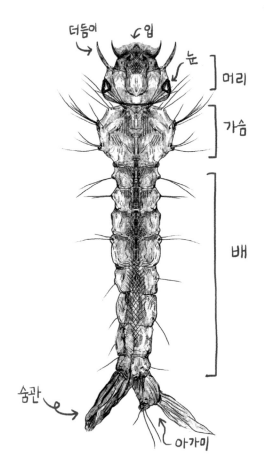

더듬이

입

눈

머리

가슴

배

숨관

아가미

장구벌레가 먹이를 먹기 전 모습

먹이를 먹을 때 모습. 머리가 앞으로 쭉 나와요.

← 호흡각

모기 번데기. 길이가
0.2mm 정도 됩니다.

모기는 흐르는 물보다 고인 물에 알을 낳습니다. 흐르는 물에 알을 낳으면 다 떠내려갈 테니까요. 그래서 장마철에는 알이 많이 떠내려가서 모기가 적습니다. 너무 더울 때도 그렇습니다. 고인 물이 증발해 알이 부화하지 못하니까요.

물속에서 무사히 부화한 장구벌레(모기 애벌레)는 대부분이 물 바닥과 수면을 오르락내리락하면서 살아갑니다. 물 바닥에서 유기물을 찾아 먹다가 숨을 쉬려고 수면으로 올라와야 하거든요. 비대칭으로 생긴 꼬리 쪽에 아가미와 호흡관(숨관)이 있고 이를 물 밖으로 내밀어 숨을 쉽니다. 샬레에다 장구벌레를 놓고 관찰해 보니, 먹이를 먹을 때 머리가 앞으로 쭉 나왔다가 들어가더라고요.

모기는 부화하고서 4번 허물을 벗은 다음 번데기 과정을 거치는 갖춘탈바꿈*을 합니다. 물속에 사는 장구벌레가 번데기가 되므로 번데기도 당연히 물속에 있습니다. 그러니 숨을 쉬려면 장구벌레 때처럼 물 위로 올라가야겠지요. 번데기 머리 위에는 나팔처럼 생긴 호흡각이 있습니다. 이 호흡각을 영어로는 트럼펫(Trumpet)이라고 합니다. 물속에 있다가 튀어 오르듯이 수면 가까이로 올라와 호흡각으로 숨을 쉰 다음 다시 물속으로 들어갑니다. 슈웅~하고 빠르게 오르락내리락하는 모습이 귀엽기도 하고, 오두방정을 떠는 것 같기도 합니다.

예전에는 빨간집모기를 자주 봤는데, 요즘은 흰줄숲모기가 더 자주 보이는 듯합니다. 흰줄숲모기는 원래 열대 지역인 동남아시아에 살았는데 언제부터인지 우리나라에도 많아졌습니다. 기후가 점점 변하기 때문이겠죠. 흰줄숲모기는 이름처럼 몸에 흰 줄무늬가 있습니다. 뒷다리는 몸 반대 방향으로 꺾여 있습니다. 주둥이는 맨눈으로 보면 하나 같지만 사실은 여러 겹입니다. 암컷과 수컷은 생김새에서 차이가 납니다. 수컷 더듬이(촉각)에 난 털이 더 길어서 암컷보다 수컷 더듬이가 더 풍성해 보입니다. 배 생김새도 다릅니다. 암컷은 알을 품을 수 있도록 배가 통통하지만 수컷은 홀쭉합니다.

모기라고 다 피를 빨지는 않습니다. 암컷만 피를 빱니다. 알을 낳고 키우려면 동물성 단백질 같은 영양분이 필요하기 때문이지요. 알을 낳지 않는 수컷은 꽃꿀이나 식물 즙을 먹고 삽니다. 사실 모기가 무서운 까닭은 피를 빨아서가 아니라 피를 빠는 과정에서 바이러스를 옮기기 때문입니다. 빨간집모기는 일본뇌염을, 흰줄숲모기는 지카바이러스나 뎅기열 등을 퍼트릴 수 있으니 조심해야 합니다. 사람을 가장 많이 죽이는 동물 1위가 모기라는 통계도 있을 정도니까요(2위는 사람이라고 하네요).

흔히 우리는 모기에게 '물렸다'고 표현하는데요, 사실 모기는 침 같은 주둥이로 찔러서 피를 빱니다. 하늘소 같은 곤충이 물고요, 모기와 친척인 파리는 할짝할짝 핥습니다.

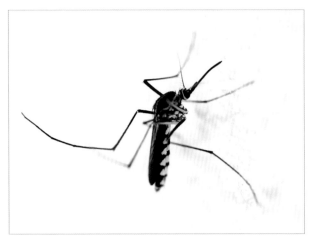

흰줄숲모기. 뒷다리가 휘었습니다.

모기 주둥이

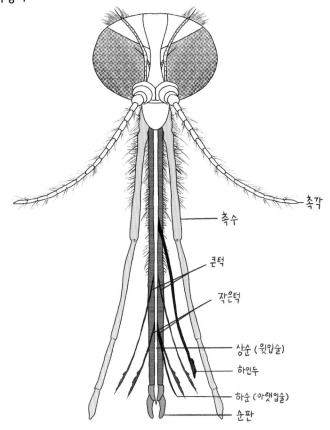

촉각

촉수

큰턱

작은턱

상순 (윗입술)

하인두

하순 (아랫입술)

순판

• 곤충은 탈바꿈(변태)하는 방식에 따라서 크게 갖춘탈바꿈(완전변태)하는 종류와
안갖춘탈바꿈(불완전변태)하는 종류로 나눌 수 있습니다. 갖춘탈바꿈하는 곤충은 대개
알-애벌레(유충)-번데기-어른벌레(성충) 과정을 거치기에 단계별로 생김새가 아예
다릅니다. 안갖춘탈바꿈하는 곤충은 대개 알-약충-성충 과정을 거칩니다. 약충은 성충과
생김새가 거의 비슷하며 크기만 작습니다. 여러 차례 허물을 벗으며(탈피) 몸이 점점
커지고 단단해지면서 번데기 과정 없이 성충으로 자랍니다. 영어로 애벌레(유충)는
라바(Larva), 약충은 님프(Nymph)입니다.

각다귀

모기가 아니야

각다귀는 모기와 비슷하지만 몸길이나 다리가 더 깁니다. 몸집이 커서 느릿느릿 나는 탓에 눈에 잘 띄고, 곧잘 큰 모기로 오해를 받아 사람 손에 죽는 일이 많습니다. 모기처럼 피를 빨지도 않는데 말이지요. 애벌레 때는 벼나 보리 뿌리를 갉아 먹고, 자라서는 꽃가루를 먹으면서 꽃가루받이를 돕습니다.

주둥이는 아예 피를 빨 수 없는 구조입니다. 모기는 주둥이가 침처럼 뾰족하지만, 각다귀는 짧고 뭉툭합니다. 뒷날개 한 쌍도 퇴화되어 앞날개 한 쌍만 있습니다. 퇴화한 뒷날개는 균형을 잡는 데에 쓰이는 평균곤*으로 바뀌었습니다. 날 때 몸의 균형을 잡아 주며, 생김새가 체조에서 쓰는 곤봉과 닮아서 평균곤이라고 합니다.

황각다귀

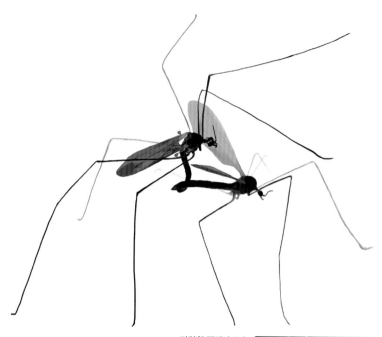

다양한 짝짓기 모습

얼굴

주둥이. 모기와 달리 뭉툭합니다.

대모각다귀

• 각다귀와 함께 파리목에 속하는 파리, 모기,
동애등에도 날개 한 쌍 대신에 평균곤이 있습니다.
모기는 평균곤이 너무 작아서 잘 보이지 않지만,
동애등에는 날개 옆을 살피면 흰색 평균곤이 보입니다.

체조에서 쓰는 곤봉

평균곤이 잘 보이는 동애등에. 음식물 쓰레기나 동물 사체를 빠르게
분해하는 곤충입니다. 식당 주변에서 쉽게 볼 수 있습니다.

해충일까? 익충일까?

시골 생활에서 누릴 수 있는 즐거움 중 하나가 텃밭 농사입니다. 내 먹거리를 스스로 생산한다는 점 외에도 몸을 움직이며 흙을 만지고 햇볕을 받으며 계절 변화를 온전히 느낄 수 있다는 점, 중간 중간 생각을 멈추고 명상에 잠길 수 있다는 점도 좋습니다. 딱 하나, 곤충과 전쟁을 치러야 한다는 점만 빼면 말이지요.

농작물을 먹으러 오는 대표 단골손님은 무당벌레입니다. 우리 집 텃밭은 작기에 친환경 물질로 방어하고 때로는 '그래, 너도 먹어라!' 하는 심정으로 무당벌레에게 선심을 쓰기도 합니다. 그러나 같은 먹거리를 놓고 다퉈야 하는 경쟁 관계이고, 이 전쟁에서 누구도 승리자가 될 수 없다는 사실은 변하지 않기에 무당벌레나 저나 서로 딱하기는 매한가지입니다.

가장 흔히 보이는 무당벌레는 칠성무당벌레입니다. 이름에서 알 수 있듯 딱지날개에 점이 7개 있습니다. 무

칠성무당벌레

큰이십팔점박이무당벌레

당벌레 중에서 유일하게 해충*보다는 익충으로 여겨집니다. 애벌레와 어른벌레 모두 식물에 생기는 진딧물을 잡아먹거든요. 진딧물 때문에 피해를 입은 적이 있는 농부라면 칠성무당벌레가 그저 고맙기만 합니다. 알에서 깨어나 어른벌레가 되기까지 2~3주밖에 걸리지 않아 잘만 관리해 주면 천연 농약 역할을 톡톡히 해냅니다.

칠성무당벌레 애벌레가
진딧물을 잡아먹고 있어요.

해충으로 손꼽히는 무당벌레는 큰이십팔점박이무당벌레입니다. 역시나 이름에서 알 수 있듯 딱지날개에 점이 28개나 있습니다. 애벌레와 어른벌레 모두 가지, 감자, 토마토 같은 작물 잎을 먹습니다. 이 녀석이 지나가고 나면 거의 잎맥만 남을 정도로 피해가 큽니다.

큰이십팔점박이무당벌레 애벌레가 감자 잎을 먹고 있어요.

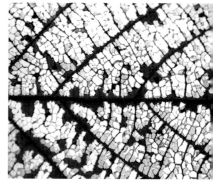

잎맥만 남겨 두고는 잎살을 다 갉아 먹었습니다.

흔히 보이는 무당벌레

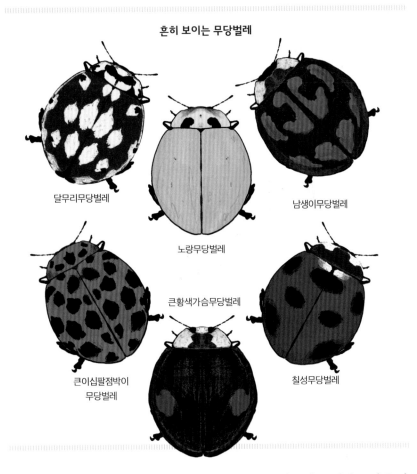

달무리무당벌레

노랑무당벌레

남생이무당벌레

큰황색가슴무당벌레

큰이십팔점박이
무당벌레

칠성무당벌레

무당벌레는 겨울에 나뭇잎 아래 또는 조금이라도 따뜻한 곳에서 무리를 지어 겨울잠을 잡니다. 그런데 따뜻한 곳을 찾다가 간혹 집 안으로 들어오는 일이 있습니다. 겨울에도 실내는 포근하기에 무당벌레는 봄이라고 착각하고 겨울잠에서 깨어납니다. 낭패입니다. 집 안에는 무당벌레가 먹을 만한 게 없고, 집 밖은 너무 춥기에 일찍 깬 무당벌레는 살아남을 수가 없기 때문입니다. 그 사실도 모른 채 무당벌레는 전등 불빛을 향해 나선형으로 날아오르다가 전등에 부딪혀 툭 떨어집니다. 그리고는 다시 날아오르고 떨어지고를 반복합니다.

이럴 때마다 무당벌레를 도울 방법이 없어 안타까울 뿐입니다.

어느 날은 남생이무당벌레 애벌레가 동족을 잡아먹는 모습을 봤습니다. 동족포식(카니발리즘) 현상은 여러 생물에서 주로 먹이가 부족할 때 나타납니다. 먹히는 쪽 등에서 붉은 액체[**]가 흐릅니다. 언뜻 피처럼 보이지만 독이 포함된 방어 물질입니다. 칠성무당벌레는 위협을 느끼면 다리 관절 사이에 노란색 액체가 방울방울 맺힙니다. 남생이무당벌레는 이 물질이 빨간색인 거고요.

남생이무당벌레 애벌레가 동족을 잡아먹고 있어요.

붉은색이지만 피가 아니라 독성 물질입니다.

• 사실 해충, 익충은 온전히 사람 관점에서 쓰는 말입니다. 생태계에서 일어나는 행위를 좋다, 나쁘다는 관점으로 볼 수 없습니다. 대부분 식물은 곤충의 도움을 받아서 꽃가루받이를 합니다. 그러니 잎을 갉아 먹는다고 해서 식물에게 곤충이 해로운 존재라고 할 수는 없습니다. 사람에게도 마찬가지가 아닐까요? 물론 농작물 피해가 심각할 때도 있지만, 그렇다고 해충으로 불리는 곤충을 박멸하는 것만이 해법이 될 수는 없습니다.

•• 곤충은 피가 물처럼 투명합니다. 피의 색을 결정하는 호흡색소가 없기 때문입니다. 곤충의 피는 몸 전체를 자유롭게 오가며(개방혈관계), 산소는 기공이라는 작은 구멍을 통해 세포에 직접 전달되기 때문에 호흡색소가 필요 없습니다. 참고로 사람은 피에 호흡색소인 헤모글로빈이 있어 피가 빨갛습니다. 또한 곤충과 달리 정해진 관을 따라서만 피가 이동합니다(폐쇄순환계).

집 안에 사는 작은 곤충

그만 좀 나와라, 제발!

아~ 정말 미치겠습니다. 화랑곡나방이 또 집 안을 날아다닙니다. 빠르지 않은데도 잡으려면 지그재그로 날며 잘도 피합니다. 분명 부엌 어디쯤 이 녀석의 소굴이 있겠지 싶습니다. 오늘은 반드시 찾아내야겠습니다. 팥이나 콩은 페트병에 넣어 두니까 그걸 뚫고 나올 수는 없을 것 같고 그렇다면 쌀일까요? 어머나! 진짜로 쌀통에서 나오고 있습니다. 밖에서 들어간 게 아니라 쌀통에서 발생한 거겠죠. 쌀통에는 이미 화랑곡나방이 살 여건이 갖춰졌을 테니까요. 쌀을 비롯한 온갖 곡류를 잘못 보관하면 화랑곡나방이 생깁니다. 갖춘탈바꿈 곤충이라 쌀통 안에서 애벌레나 고치(번데기 집)가 발견되기도 합니다. 특히 날이 더워지는 여름에 급증합니다.

쌀통을 뒤진 김에 부엌 식재료를 다 살펴야겠습니다. 싱크대 찬장에 북어채를 넣어 뒀는데, 세상에! 이번에는 좁쌀같이 작고 까만 권연벌레가 보입니다. 말로만 들었는데 이렇게 부엌에서 실물을 보다니요. 권연벌레는 2mm 정도로 아주 작고 머리를 직각으로 숙이고 다니기 때문에 위에서 보면 꼭 머리가 없는 것 같습니다. 곡물, 한약재, 말린 나물 등 못 먹는 게 없는 녀석입니다.

하수구 쪽에서는 나방파리가 가끔 나타납니다. 그래도 다행히 오늘은 안 보이네요. 정화조가 잘 차단되었나 봅니다. 나방파리는 몸에 털이 많고 날개가 둥글어서 그런지 제법 귀여운 느낌이 듭니다. 과일과 음식물 쓰레기 주변에서 자주 보이는 초파리는 여름에 특히 많습니다. 집 안뿐 아니라 텃밭 작물 근처에서도 보이고요. 먹거리에 꼬여서 귀찮기는 하지만 한살이가 짧아서 생명공학 연구 대상이 되는, 귀중한 곤충입니다. 그나저나 얼른 부엌 대청소를 해야겠습니다.

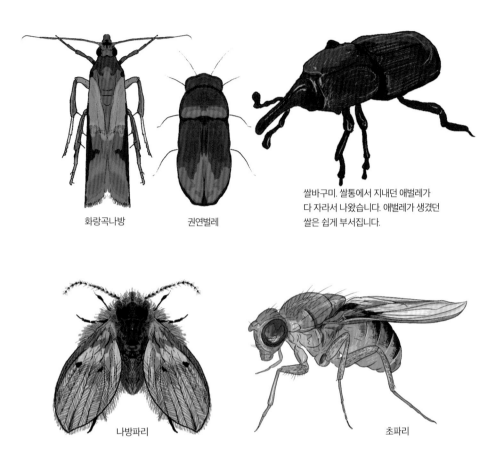

쌀바구미. 쌀통에서 지내던 애벌레가
다 자라서 나왔습니다. 애벌레가 생겼던
쌀은 쉽게 부서집니다.

화랑곡나방

권연벌레

나방파리

초파리

그러고 보니 옛날에는 책 사이에서도 벌레가 나왔습니다. 바로 좀입니다.
움직임이 빠르고 빛을 싫어하기 때문에 웬만하면 낮에는 보기 어렵습니다. 습
하고 어두운 곳에 주로 살지요. 좀은 곰팡이를 즐겨 먹고 책을 갉아 먹기도 합
니다. 허물을 막 벗었을 때는 몸이 은빛으로 반짝입니다. 그래서 영어 이름은
실버피시(Silverfish)입니다. 은빛 몸은 나중에 점점 어두운 색으로 변하고요. 좀
은 수억 년 동안 생김새가 거의 변하지 않았다고 합니다. 책에 사는 벌레가 또
있습니다. 책벌레라는 별명이 붙은 먼지다듬이입니다. 이 녀석은 오래된 책

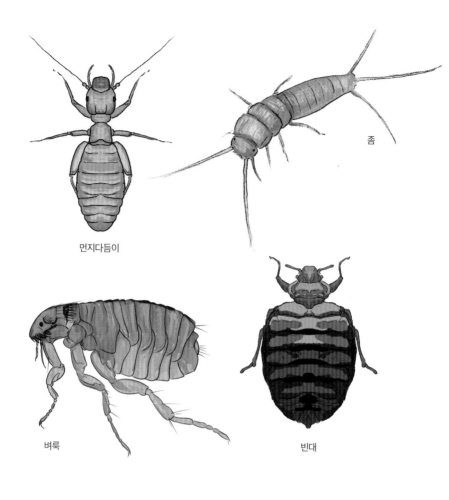

먼지다듬이

좀

벼룩

빈대

또는 먼지에서 발견됩니다. 그래서 습도가 낮고 깨끗한 집에서는 거의 볼 수가 없지요.

옛날에는 머릿니도 흔했습니다. 네, 사람 머리카락에 이라는 벌레가 살던 시절이 있었답니다. 이가 머리 피부도 깨물고, 머리카락에 알도 낳았습니다. 그래서 참빗으로 머리를 빗으며 이를 골라내야 했습니다. 요즘은 다들 매일같이 머리를 감으며 지내니 이를 볼 일도 거의 없습니다.

벼룩이나 빈대도 볼 일이 드뭅니다. "벼룩의 간을 빼먹다", "빈대 잡으려다

초가삼간 태운다" 같은 속담 있을 만큼 옛날에는 흔했던 곤충인데 말이죠. 벼룩은 마치 박수를 치다가 눌린 것처럼 몸이 옆면으로 납작합니다. 뛰어난 높이뛰기 선수여서 자기 몸의 수십~수백 배 높이까지 뛰어오를 수 있습니다. 일단 뛰어오른 다음 공중에서 노를 젓듯이 발을 움직여 더 높이까지 올라간다고 하네요.

빈대는 벼룩과 달리 벽돌에 눌린 것처럼 위아래로 납작합니다. 영어권에서는 베드버그(Bedbug)라고 합니다. 안갖춘탈바꿈을 하기 때문에 어린 빈대나 어른 빈대나 생김새는 비슷합니다. 암컷에게 생식기가 따로 없어서 수컷은 암컷의 배 아무데나 찔러 정액을 몸속에 넣으며 짝짓기합니다.

집 안에 사는 작은 곤충들 크기 비교

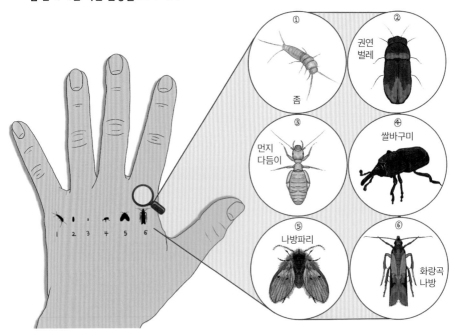

① 좀
② 권연벌레
③ 먼지다듬이
④ 쌀바구미
⑤ 나방파리
⑥ 화랑곡나방

엄마가
어릴 때는 말이야~

땅강아지

요리 보면 강아지 조리 보면 두더지

취나물 밭을 가는데 뭔가가 휙 지나갔습니다. 아주 찰나였지만 땅강아지임을 알아챘습니다. 아직 서울의 골목길에 흙이 있던 40여 년 전, 땅강아지와 놀던 어린 시절의 기억이 주마등처럼 스쳐 지나갔습니다. 그리고 새삼스레 깨달았습니다. 땅강아지는 땅속에 산다는 사실을요. 그도 그럴 것이 도시에서는 땅을 파거나 흙을 만질 일이 거의 없으니 땅속에다 긴 터널을 만들고 살아가는 땅강아지를 만나기가 어려울 수밖에요.

땅강아지는 우리말 이름처럼 강아지를 닮은 것도 같고요, 영어 이름(Mole cricket)처럼 두더지를 닮은 듯도 합니다. 앞발에는 발톱이 있어 두더지처럼 땅을 파기에 적당해 보입니다. 땅속 터널을 잘 지나다닐 수 있게끔 몸은 원통형이고요.

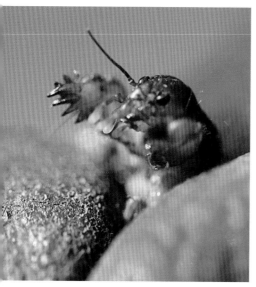

강아지를 닮은 것도 같고 두더지를 닮은 것도 같습니다.
하지만 메뚜기 무리에 속하지요.

두더지 발. 땅강아지 발과 닮았습니다.

　수컷은 암컷을 부르려고 땅속 터널에서 땅 위를 향하는 곳으로 날개를 비비며 소리를 냅니다. 그러면 소리가 증폭되어 더 커집니다. 자칫하면 포식자에게 들킬 수도 있지만 짝을 찾고자 위험을 감수하는 거죠. 짝짓기를 마친 암컷은 땅속 터널로 연결된 굴에 들어간 다음 굴 입구를 막고서 알을 낳습니다. 스스로 굴에 갇힌 채로 알이 부화하기를 기다립니다. 땅강아지는 알-약충-성충 단계를 거치는 안갖춘탈바꿈을 합니다.

　땅강아지는 땅을 파고 다니며 흙을 부드럽게 만들어 주는 익충이지만 식물 뿌리를 파먹기에 해충으로 볼 수도 있습니다. 그때그때 처하는 상황에 따라 땅강아지에 대한 평가는 달라질 수밖에 없겠지만 일단 오늘만큼은 오랜만에 추억 속 곤충을 만나 기뻤습니다.

옆면

윗면

아랫면

사방팔방 애벌레 탈출 극

시골 생활을 시작하며 가장 먼저 호박을 심었습니다. 몸의 부기를 빼 주고 빈속에 먹어도 좋은 데다 무엇보다 키우기 쉬운 작물이라고 해서 자신감을 갖고 도전했지요. 덩굴 식물이라 타고 올라갈 기둥부터 만들어 줬습니다. 모든 덩굴 식물은 일정한 방향으로 줄기를 감는 줄 알았는데 호박은 시계 방향, 반시계 방향 가릴 것 없이 제멋대로 덩굴손을 뻗더라고요. 잎이 무성하게 자라고 암꽃과 수꽃이 각각 폈습니다. 수꽃은 어차피 열매를 맺지 않아서 수정이 끝난 뒤에 꽃잎을 따다가 전을 부쳤습니다. 호박꽃잎전은 농부만이 즐길 수 있는 특별식이지요.

가을! 드디어 수확기입니다. 직접 키운 호박으로 호박죽을 해 먹을 생각에 얼마나 뿌듯하던지요. 단단히 여문 호박 가운데에다 큰 칼을 힘차게 내리친 순간! 세상에, 구더기가 폭죽처럼 터져 나왔습니다. 터져 나온 구더기들은 동서남북 위아래 할 것 없이 야무지게 집단 탈출을 감행했습니다. 다리가 없고 주름진 몸을 스프링처럼 움츠렸다가 펴면서 점프하듯 몸을 날려 사방팔방으로 도망쳤습니다. 그러고는 어떻게 손쓸 틈도 없이 순식간에 사라졌습니다.

녀석들은 호박과실파리의 애벌레였습니다. 구더기는 파리 애벌레를 가리키는 이름이고요. 도대체 녀석들은 어떻게 그 단단한 호박 속에 들어갈 수 있었을까요? 호박과실파리 암컷은 호박의 수정이 끝나자마자, 그러니까 이제 막 호박이 익을 무렵에 산란관을 찔러 넣어 알을 낳습니다. 아직은 호박이 무를 때이기에 침처럼 뾰족한 산란관으로 충분히 뚫을 수 있습니다. 알은 호박 안에서 부화해 호박과 함께 애벌레로 무럭무럭 자랍니다.

호박과실파리만큼 호박의 생태를 몰랐던 저는 한동안 구더기한테 트라우마가 생겨서 호박을 먹지 못했습니다. 지금은 못 먹을 정도는 아니지만 일단 호박을 자를 때 심호흡부터 하기는 한답니다.

호박과실파리 애벌레

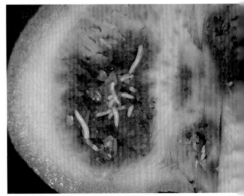

호박 안에서 자라는 호박과실파리 애벌레

절지동물

곤충이 아니야

장마철이라 습도가 너무 높습니다. 꼭 어항 속에서 사는 것 같아요. 후덥지근하고 끈적끈적한 것도 괴로운데 꼭 이맘때면 나타나 저를 화들짝 놀라게 하고는 재빠르게 도망치는 녀석들이 있습니다. 얼핏 곤충처럼 생겼지만 곤충보다 다리가 훨씬 많은 절지동물˚입니다.

저를 가장 자주 놀라게 하는 녀석은 노래기입니다. 다리가 마디마다 2쌍씩 있습니다. 머리는 둥근 편이고 더듬이는 짧습니다. 습한 곳에 살면서 주로 풀

을 먹습니다. 암수는 서로 몸을 겹친 채 이동하기도 하며, 이때 짝짓기도 합니다. 알은 땅속에다 낳습니다.

노래기와 생김새가 비슷한 그리마도 있습니다. 그러나 노래기와 달리 그리마는 다리가 마디마다 1쌍씩 있습니다. 파리나 모기, 바퀴벌레 등을 잡아먹는 육식성이고요. 다행히도 사람은 물지 않습니다(가끔 물렸다는 사람도 있지만 물렸다고 크게 위험하지는 않습니다). 집 안에서 이른바 해충이라 불리는 벌레를 잡아먹고, 돈벌레라고도 불리기에 옛날부터 사람들은 그리마가 보이더라도 굳이 죽이지 않았습니다. 그리마는 따뜻한 곳을 좋아합니다. 아무래도 더 따뜻한 부잣집에서 많이 보이기에 돈벌레라고 부르는 거고요.

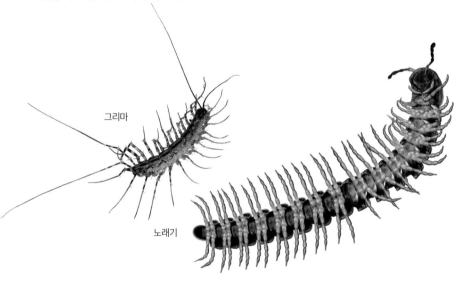

그리마

노래기

노래기가 짝짓기하는 모습.
두 마리가 보이나요?

지네도 그리마처럼 마디마다 다리가 1쌍만 있고, 곤충을 잡아먹습니다. 그러나 그리마와 달리 독이 있어서 물리면 붓고 아픕니다. 몸마디 수는 늘 홀수라고 알려집니다. 머리 쪽에 이빨처럼 보이는 건 맨 앞다리가 변한 발톱입니다.

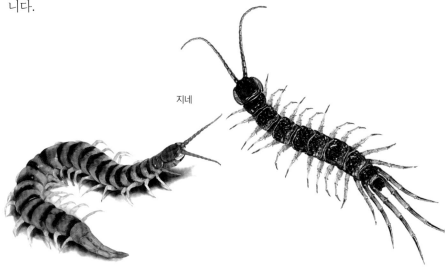

지네

노래기와 지네 단면 비교

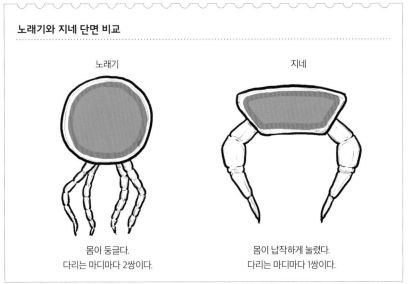

노래기

지네

몸이 둥글다.
다리는 마디마다 2쌍이다.

몸이 납작하게 눌렸다.
다리는 마디마다 1쌍이다.

공벌레는 몸을 돌돌 말아 콩처럼 있는 모습을 많이 봐서 그렇지 다리가 무려 14개나 있습니다. 축축하고 어두운 곳, 그러니까 돌이나 낙엽을 들춰 보면 쉽게 찾을 수 있습니다. 곰팡이나 박테리아가 분해한 식물을 주로 먹습니다.

쥐며느리는 언뜻 공벌레와 비슷해 보이지만 공벌레처럼 몸을 돌돌 말지 못합니다. 그리고 더듬이가 한 번 꺾인 공벌레와 달리 쥐며느리 더듬이는 두 번 꺾였습니다. 또한 공벌레는 꼬리마디가 없는데, 쥐며느리는 있습니다. 사는 곳은 공벌레와 비슷합니다. 둘 다 물에서 살다가 뭍으로 올라와 정착해서 그런가 봅니다. 쥐며느리는 탈피할 때 몸 가운데를 기준으로 위쪽과 아래쪽을 나눠서 허물을 따로 벗습니다. 몸이 타원형으로 생겨서 허물을 한 번에 벗기가 어렵기 때문입니다. 벗은 허물은 흔적을 남기지 않고자 먹어 없앱니다. 어미는 배 아래쪽에 있는 작은 알주머니 속에다 알을 낳습니다. 알에서는 어른 벌레와 똑같이 생긴 약충이 태어납니다.

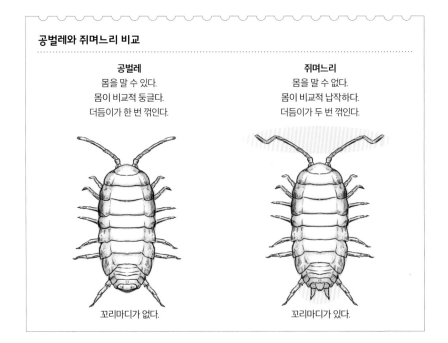

공벌레와 쥐며느리 비교

공벌레	쥐며느리
몸을 말 수 있다.	몸을 말 수 없다.
몸이 비교적 둥글다.	몸이 비교적 납작하다.
더듬이가 한 번 꺾인다.	더듬이가 두 번 꺾인다.

꼬리마디가 없다.　　　　　　　　꼬리마디가 있다.

쥐며느리. 몸 가운데를 중심으로
위아래로 나눠 허물을 벗습니다.

공벌레. 위협을 느끼면 몸을 둥글게 맙니다.

앞서 소개한 녀석들처럼 장마철에 집에서 나타나 저를 놀라게 하지는 않지만, 제가 사는 산골이나 근처 바닷가에서 흔히 볼 수 있는 절지동물로 옆새우와 갯강구도 있습니다. 옆새우는 아주 깨끗한 계곡(1급수)의 물속이나 돌 틈에서 삽니다. 물에 떨어진 나뭇잎을 먹으며 지내고, 물속 곤충의 먹이가 됩니다. 매우 작으며, 꼬리를 앞뒤로 접었다 펴면서 그 탄력으로 통통 튕기듯 움직입니다. 몸집이 더 작은 수컷이 비교적 큰 암컷을 붙잡고 이동하기도 합니다.

갯강구는 해안가나 항구에 흔합니다. 바다 주변 바위에서 육상 생활을 하며 죽은 동물을 먹습니다. 다리는 7쌍입니다. 수컷이 암컷보다 큽니다. 생김새도, 집단으로 사는 점도 바퀴벌레와 닮아서인지 영어권에서는 부두의 바퀴벌레(Wharf roach)라고 부릅니다. 대부분 동물은 입(주둥이)으로 물을 마시는데요, 갯강구는 다리에 있는 작은 모세관을 통해 물을 흡수합니다.

옆새우

갯강구

• 단단한 뼈인 척추가 사람처럼 몸 안에 있으면 척추동물이고, 곤충처럼 몸 안에
척추가 없고 딱딱한 외골격이 몸을 감싸면 무척추동물입니다. 절지동물은 다리가 많은
무척추동물을 가리킵니다. 큰 틀에서 곤충류, 거미류, 다지류, 갑각류로 나눕니다. 앞에서
다룬 노래기, 그리마, 지네는 다지류에 속하고요, 공벌레, 쥐며느리, 갯강구, 옆새우는
갑각류에 속합니다.

우리가 주변에서 흔히 보는 절지동물이 곤충이기에 다른 절지동물을 보고도 곤충으로
착각하기 쉽습니다. 특히 거미가 그렇습니다. 곤충은 몸이 크게 머리, 가슴, 배로 나뉘지만
거미는 머리와 가슴이 붙은 머리가슴과 배로 나뉩니다. 곤충은 날개가 있지만 거미는
날개가 없고요.

척추동물과 무척추동물 비교

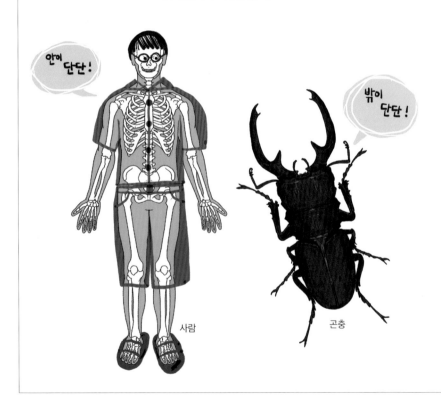

사람

곤충

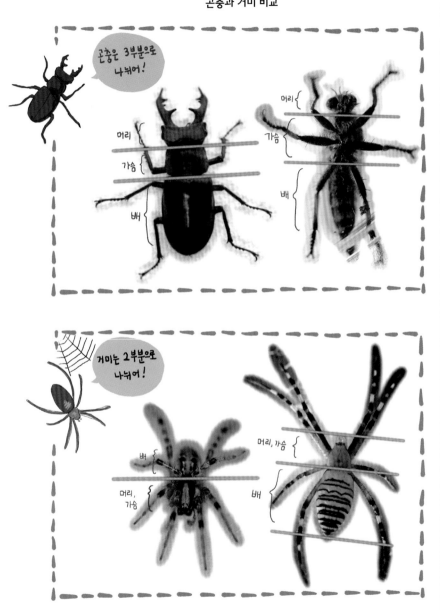

곤충과 거미 비교

65

공벌레처럼 작은 생물은 실체현미경으로 관찰합니다.

회양목이 좋아

마당 한쪽에 회양목을 심었습니다. 느리게 자라지만 그만큼 속이 단단한 나무입니다. 이런 특성을 살려 옛날에는 회양목으로 도장을 만들었기에 도장목, 도장나무라고 부르기도 했습니다. 회양목은 보통 낮은 울타리용으로 많이 키웁니다. 그래서 흔히 키 작은 나무로 여기지만 다듬지 않고 제대로 자라게 두면 2m도 넘게 큰답니다.

애정을 가지고 이 나무의 더딘 성장을 지켜보는데 어느 날부터인가 하얀 실이 거미줄처럼 덮이더니 잎이 시들어 갔습니다. 하얀 실을 걷어 내니 잎을 갉아 먹는 회양목명나방 애벌레가 보였습니다. 애벌레 몸에서는 광택이 돌았습니다. 꼭 빛나는 무대 의상을 입은 것 같았어요. 이렇게 아름다운 애벌레가 나의 회양목을 죽이고 있다니! 아끼는 나무를 살리고자 나무와 곤충의 전쟁에 끼어들 것인가? 자연의 순리에 맡길 것인가? 고민스럽습니다.

회양목

애벌레 입장으로 생각해 봤습니다. 그저 본능에 따라 살아갈 뿐인데 사람에게 해충이라는 이유로 제거되어야 한다면 정말 억울할 것 같습니다. 그러다가도 처참하게 습격당한 회양목을 보면 또 그런 마음이 싹 사라졌습니다. 두 눈을 질끈 감고 애벌레를 페트병에 쏙 넣었습니다. 그러나 이미 자리 잡은 애벌레들을 모두 잡기란 불가능했어요.

회양목을 초토화시키듯 잎을 먹어 대던 애벌레들이 얌전한 번데기로 변하면서부터 회양목의 수난은 끝이 났습니다. 이윽고 회양목명나방 수컷이 회양목 주변에서 보입니다. 배 끝에 검은 털이 있고, 날개에는 갈색 테두리가 있지만 전체적으로는 밝게 빛납니다.

회양목명나방과 같은 명나방 무리인 꿀벌부채명나방 종류는 초음파를 감

회양목명나방 한살이

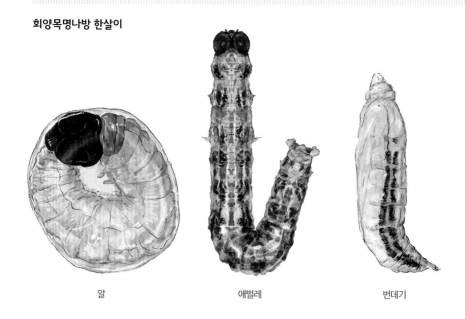

알   애벌레   번데기

지할 수 있다고 합니다. 주로 나방을 잡아먹는 박쥐가 초음파를 발산해서 사냥을 하니 천적인 박쥐를 피하고자 이런 능력이 생긴 거겠지요. 과연 같은 무리인 회양목명나방도 초음파를 들을 수 있을지 궁금합니다.

큰광대노린재는 회양목에서 아주 대놓고 돌아다니는 녀석입니다. 그것도 매우 선명한 초록색, 붉은색* 무늬 옷을 입고서 말이지요. 곤충은 언제 새에게 먹힐지 모르니 조심 또 조심해야 할 텐데 이 녀석은 무슨 배짱일까요? 손으로 살짝 잡아 보니 지독한 냄새를 풍깁니다. 오호! 비장의 무기가 있었군요. 그렇다면 강력한 붉은색 무늬도 '나한테는 노린내라는 강력한 무기가 있으니 먹지 마시오!'라는 경고겠네요. 몸에 독을 품었다는 사실을 붉은색 배로 나타내는 무당개구리처럼요.

수컷

암컷

어느 이른 아침에는 온몸이 완전히 빨간 큰광대노린재 약충도 봤습니다. 막 허물을 벗은 녀석이었어요. 새빨갛고 말랑말랑한 몸은 차츰 색도 달라지고 단단해집니다. 노린재 종류는 안갖춘탈바꿈을 하는 곤충입니다. 그래서 알에서 애벌레로 깨어나지 않고, 몸집은 성충에 비해서 작지만 생김새는 거의 같은 약충으로 나옵니다. 그런 다음 번데기 과정 없이 여러 차례 허물을 벗으며 성장합니다.

알에서 나오는 노린재 약충

큰광대노린재 약충

큰광대노린재 성충

• 꽃은 한창일 때 갖가지 화려한 색깔을 뽐내고, 잎도 보기만 해도 싱그러운 초록빛을 띱니다. 그런데 둘 다 시들면 원래 색은 사라지고 대체로 누렇게 변합니다. 꽃이나 잎의 색깔은 색소에서 비롯하기 때문이지요. 이런 색은 어떤 각도에서 봐도 동일해 보입니다. 반면, 딱정벌레 딱지날개나 나비 날개, 조개껍데기 안쪽 면, 물고기 비늘, 새의 깃털 등은 생명이 깃들어 있든 없든 색이 변하지 않습니다. 또한 보는 각도에 따라서 색이 달라 보입니다. 이처럼 색소 없이 구조에 따라 나타나는 색을 구조색이라고 합니다.

중국청람색잎벌레. 각도에 따라 색이 달리 보일 뿐만 아니라 거울처럼 반사되기도 합니다. 녀석을 찍고 있는 제 모습도 함께 찍었습니다.

대왕노린재. 딱지날개 색이 아주 화려합니다.

죽은 큰광대노린재 약충. 통에 넣어 뒀다가 무려 1년이 지나서 열어 봤는데 딱지날개 색은 여전히 화려합니다.

산제비나비 날개의 구조색

죽은 까마귀. 까마귀 깃털은 까만 줄만 알았는데 보는 각도가 달라지니 푸른색으로 보입니다.

배추흰나비

거절은 똑 부러지게!

꽃밭을 가꾸다가 배추흰나비 두 마리를 봤습니다. 그런데 한 녀석은 날개를 아래쪽으로 내리고 배를 하늘 쪽으로 치켜든 채 가만히 있고, 다른 녀석은 그 녀석 주변을 계속해서 빙빙 맴돌았습니다. 가만히 있는 녀석은 암컷, 주변을 맴도는 녀석은 수컷입니다. 암컷이 보인 행동은 '너하고 짝짓기할 수 없어!'라는 의사 표시이고요.

배추흰나비를 비롯한 곤충은 암컷이든 수컷이든 성충이 된 뒤에 오래 살지 못합니다. 그래서 얼른 짝을 찾아야 합니다. 짝을 찾아 나서는 쪽은 수컷이지만 짝짓기 선택권은 암컷에게 있습니다. 배추흰나비 암컷은 이미 짝짓기를 끝냈거나 구애하는 수컷이 건강해 보이지 않는다면 앞서 설명한 것처럼 행동하며 거절 의사를 밝힙니다. 사람 눈에는 배추흰나비 날개가 대개 흰색으로 보이지만 나비에게는 자외선이 반사된 색으로 보입니다. 암컷은 연한 자주색, 수컷은 청자색이고 건강한 수컷일수록 색이 짙습니다.

암컷이 명확하게 거절했으니, 이제 수컷도 시간 낭비하지 말고 다른 암컷을 찾아야겠습니다. 나비야, 어서 옆집 꽃밭으로 가 보렴!

교미 거부 행동을 하는 배추흰나비 암컷

배추흰나비 눈에 보이는 암컷 색깔

배추흰나비 눈에 보이는 수컷 색깔

하늘소

원망해서 미안해

시골에 살면 꼭 하고 싶은 일이 있었습니다. 바로 집터에서 큰길까지 100미터쯤 양쪽으로 벚나무를 심는 것! 나무가 울창해지면 양쪽 가지가 맞닿아 봄이면 자연스레 벚꽃 터널이 생기리라 상상하며 즐거워했습니다. 그러나 현실은 상상과 다르더라고요. 100미터짜리 벚나무 터널을 만들기에는 돈이 모자랐습니다. 대신 묘목 100여 그루를 사서 정성스레 키웠습니다. 그런데 1년쯤 지나니 나무가 거의 다 죽고 말았습니다.

나무를 키울 실력도 없는데 무턱대고 묘목을 사는 건 아니었나 봐요. 할 수 없이 비상금을 털어 이번에는 큰 나무를 사서 심었습니다. 상상하던 벚나무 터널까지는 아니지만 마당은 금세 우거졌고, 제법 꿈꾸던 시골집다워져서 뿌듯했습니다. 그런데 얼마 지나지 않아 또! 몇몇 나무가 시름시름 앓기 시작했습니다.

하늘소

하늘소가 나무를 파고
들어간 흔적

　뭐가 문제일까 살펴보니 나무에 뭔가가 파고든 흔적이 있었습니다. 나무 아래에는 고운 톱밥이 쌓여 있었고요. 속상한 마음에 이웃 분께 물어보니 하늘소가 범인일 수도 있다고 했습니다. 하늘소는 나무를 죽인다면서요. 마당에서 하늘소를 보긴 봤는데 그럼 나무를 살리려면 하늘소를 죽여야 하는 걸까요?

　혹시 몰라서 곤충 전문가 선생님께 다시 물어봤습니다. 그랬더니 하늘소가 직접 원인은 아니라는 답변이 돌아왔습니다. 하늘소는 건강한 나무는 건드리지 않고 죽어 가는 나무만 갉아 먹는다고 하면서요. 그분 말을 믿고 좀 더 지켜보기로 했습니다. 하늘소가 억울한 누명을 쓰면 안 되니까요.

　그사이에 나무 몇 그루가 더 죽었습니다. 선생님 말대로 죽은 나무들은 이곳 기후에 적응하지 못해 속에서부터 썩고 있었습니다. 겉으로는 티가 나지 않았지만 하늘소는 알고 있었던 겁니다. 나름 잘 알아보고 심었는데도 몇몇 나무에게 이곳은 살아남기 힘든 환경이었던 거죠. 서툰 주인 때문에 결국 나머지 나무도 제대로 자리 잡기까지 무려 8년이 걸렸습니다. 그러니까 나무를 죽인 건 하늘소가 아니라 저였습니다. 그것도 모르고 하마터면 하늘소를 원망할 뻔했습니다. 생각해 보니 살면서도 그렇습니다. 내 잘못은 모른 채 그저 화풀이할 대상만 찾는 건 아닐까, 하늘소를 볼 때마다 반성하게 됩니다.

　하늘소는 더듬이＊가 깁니다. 암컷 더듬이는 몸길이와 비슷하고 수컷 더듬이는 몸길이의 2배 남짓 됩니다. 영어 이름(Long-horned beetle)에서도 이런 특징이 나타나고요. 그리고 나무를 갉아 먹을 수 있을 만큼 턱이 튼튼합니다. 관찰하려고 살짝 잡았다가 물린 적이 있는데요, 꽤 아팠습니다. 발버둥 치는 힘도 보통이 아니고 소리도 어찌나 우렁찬지 모릅니다. 앞가슴과 가운데가슴을 마찰해서 첵첵첵첵, 찍찍찍찍거리는 소리를 냅니다.

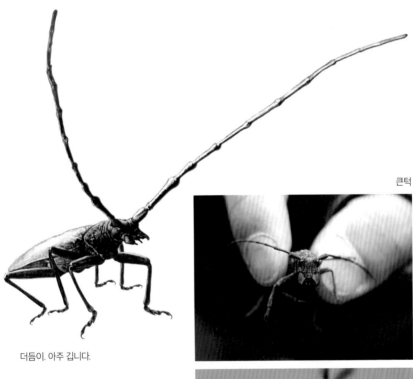

큰턱

더듬이. 아주 깁니다.

눈. 더듬이가 눈을 뚫고
나온 것처럼 보이기도 합니다.

• 곤충 더듬이는 온도, 냄새, 진동, 공기 흐름 등 외부 정보를 감지해 내는 첫 번째 기관입니다. 대개는 암컷보다 수컷의 더듬이가, 낮에 활동하는 곤충보다 밤에 활동하는 곤충의 더듬이가 더 긴 편입니다. 대체로 짝을 찾을 때는 암컷보다 수컷이 더 적극적이고, 어두운 밤에는 여느 감각보다 촉각에 더 의존하기 때문이겠지요.

다른 하늘소 종류

우리목하늘소

홍가슴풀색하늘소

털두꺼비하늘소

알락하늘소

장미가위벌

오리고 접어서 동그랗게

여름 기운이 조금씩 풍기는 5월. 우리 집 꽃밭에는 철쭉이 한창입니다. 철쭉은 잎이 꼭 꽃처럼 모여 나서 잎도 꽃만큼이나 아름답습니다. 그런데 이렇게 예쁜 잎에다 누가 자꾸 가위질을 해 놓습니다. 그것도 동그랗게, 동그랗게요! 어떻게 보면 이상하지만 또 한편으로는 귀엽기도 해서 무어라 탓하기도 애매합니다.

대체 누가 잎에다 가위질을 하는지 너무 궁금해서 철쭉을 내내 지켜봤습니다. 범인은 뚱뚱한 장미가위벌이었습니다. 녀석은 턱으로 잎을 자르면서 동시에 다리로 잎을 반 접었습니다. 잎에 동그라미가 생긴 이유였습니다. 그리고는 자른 잎을 쥐고서 붕~ 날아갔습니다.

장미가위벌이 열심히 일하고 수확물을 소중히 가져가는 모습을 보니 기특하기도 하고 귀엽기도 해서 비록 철쭉 잎이 상해 속상하지만 그쯤은 이해하기로 했습니다. 철쭉 잎뿐만 아니라 이름에서도 알 수 있듯 장미 잎도 오려 가고, 황매화 잎도 오려 가더라고요. 그렇게 살뜰히 챙겨 간 잎은 적당한 구멍 안에 겹쳐 넣어 애벌레 방을 만듭니다.

장미가위벌이 열심히 일한
흔적

검정볼기쉬파리

구더기를 낳다니?!

날씨가 더워지니 파리가 하나둘 나타납니다. 공기 맑고 환경 깨끗한 시골에 살면서 파리 때문에 이렇게 속상하고 괴로울 줄은 몰랐습니다. 파리는 종류도 엄청 많아요. 다리가 긴 장다리파리, 청록색 광택이 돌아 어쩐지 고급스러운 느낌이 나는 금파리, 누런 털이 빽빽하게 나서 뚱뚱해 보이는 노랑털기생파리, 이름부터 조금 거북스러운 똥파리……

검정볼기쉬파리는 파리 중에서도 덩치가 큰 편입니다. 등에 까만 줄이 3개 있고, 눈은 빨갛습니다. 이 녀석이 집 안에 들어오면 여간 성가신 게 아닙니다. 파리채를 휙 휘두르면 쏙 빠져나갑니다. 단번에 잡지 못하니 오기가 생깁니다. 몇 번 허탕을 친 끝에 드디어! 파리를 잡았습니다. 결투에서 승리해 흐뭇해 하며 죽은 검정볼기쉬파리를 휴지로 감싸 치우려는데 뭔가가 꿈틀꿈틀합니다. 잘 보이지 않아서 가까이 들여다보다가 그만, 기절할 뻔했습니다. 죽은 파리 몸에서 구더기(애벌레)가 꿈틀꿈틀 기어 나오고 있었거든요!

파리는 알-애벌레-번데기-어른벌레 과정을 거치는 갖춘탈바꿈을 합니다. 다만 검정볼기쉬파리는 알이 아니라 애벌레를 낳습니다. 알은 어미 몸 안에서

눈이 빨간 검정볼기쉬파리

짝짓기하는 모습. 덩치가 큰 쪽이 암컷이에요.

부화한 다음에 애벌레로 나오는 거지요. 이런 생식 방법을 난태생*이라고 합니다. 검정볼기쉬파리 암컷은 수컷보다 덩치가 더 큽니다. 새끼를 키워 내려면 영양분이 더 많이 필요하니까요.

파리는 사람 혀에 해당하는 맛을 보는 감각이 발끝에 있어서 먹을 수 있는 음식인지 아닌지를 발로 먼저 알아봅니다. 먹을 수 있다고 판단하면 위액을 토해 음식에 묻히고 입으로 핥아 먹습니다. 사람은 음식을 먹은 다음 몸 안에서 소화시키는데 파리는 그 반대인 셈이죠.

파리가 위액을 토할 때 각종 세균도 음식에 묻습니다. 이런 탓에 파리는 질병을 일으키는 바이러스를 옮기는 유해 곤충으로 여겨집니다. 다만 모든 곤충이 그렇듯 파리 또한 해로운 면만 있지는 않습니다. 유기물 분해자로서 생태계에서 중요한 역할을 하거든요. 그래서 저도 파리를 너무 미워하지는 않으려 애쓰고 있답니다. 비록 종종 파리와 사투를 벌이고, 구더기를 보면 까무러칠 뻔하기는 하지만요.

어미 몸에서 나오는 애벌레들

• 동물의 생식 방법에는 크게 태생과 난생이 있고, 둘의 중간 형태인 난태생이 있습니다. 태생은 새끼로 태어나는 방식을 가리킵니다. 어미의 태반을 통해 수정란은 계속 영양을 공급받으면서 조금 더 안정적으로 성장할 수 있습니다. 대부분 포유류는 태생입니다(오리너구리처럼 포유류이지만 알을 낳는 예외도 있습니다).
난생은 알로 나오는 방식을 뜻합니다. 알 상태에서 어미와 분리되기에 수정란에 원래 들어 있던 난황을 통해서만 영양을 공급받습니다. 곤충, 어류, 조류, 파충류가 난생입니다. 난태생은 어미가 몸 안에서 알을 낳고 부화시키는 방식입니다. 쉬파리를 비롯해 상어나 가오리, 구피, 살모사 등이 이런 방식을 씁니다.

홍딱지바수염반날개

돌격하라!

어느 해 여름, 도시에 사는 친구들이 우리 집에 놀러 온 기념으로 마당에서 고기 파티를 열었습니다. 간이 테이블을 펴고, 플라스틱 의자를 갖다 놓고, 음식과 그릇을 나릅니다. 숯을 준비하고 화덕에 불을 붙입니다. 이제 고기가 노릇노릇 익기를 기다리며 수다를 떠는데 웬 곤충이 날아와서 피부를 깨뭅니다. 따끔! 꽤 아픕니다.

그런데 어째 한두 마리가 아닙니다. 손으로 휘휘 저으며 쫓아내 보지만 소용없습니다. 녀석들은 심지어 음식 속으로 뛰어들기까지 합니다. 모기도 아니고 벌도 아니고, 대체 뭐지 싶어서 투명한 통을 가져와 서둘러 한 마리를 잡았습니다. 꼬리처럼 보이는 배가 활처럼 휘었습니다. 마당 고기 파티를 망친 범인은 홍딱지바수염반날개였습니다. 이름이 길기도 합니다. 처참한 밤이 지나고 다음날, 마당에 나가 보니 녀석들은 개 밥그릇까지 점령했습니다. 지독합니다!

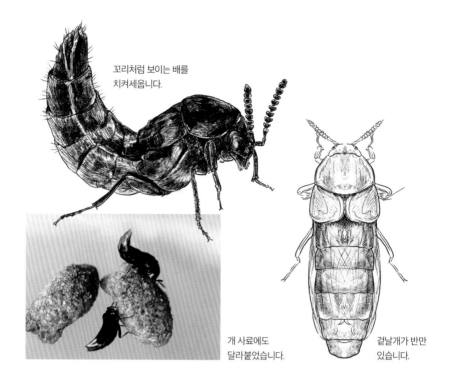

꼬리처럼 보이는 배를
치켜세웁니다.

개 사료에도
달라붙었습니다.

겉날개가 반만
있습니다.

　며칠 뒤에는 홍딱지바수염반날개를 TV 뉴스에서도 만났습니다. 동해안 관광지마다 대량 출몰해서 관광객들이 밖에서 음식을 먹지 못하는 통에 주변 상가 매출이 떨어졌다는 내용이었습니다. 그런데 신기하게도 그해에 그 난리를 쳤던 녀석들이 이후 몇 년 동안은 전혀 나타나지 않았답니다.

　홍딱지바수염반날개는 반날개 무리에 속합니다. 이름에서도 알 수 있듯이 반날개는 겉날개가 반밖에 없습니다. 누가 반만 뚝 떼어 간 것처럼 생기다 말았습니다. 속날개는 제대로 있고요. 습격을 당한 경험이 있기에 홍딱지바수염반날개에 대한 인상이 좋지는 않았는데, 알고 보니 녀석은 파리의 기생충이더라고요. 홍딱지바수염반날개의 애벌레는 파리 번데기를 뚫고 들어가 어느 정도 자랄 때까지 삽니다. 그렇다면 우리 집 마당에서 대량 발생했던 그해에는 파리가 제대로 살아남기 힘들었겠습니다. 시골 생활하면서 파리 때문에 속상했던 날을 생각하면 홍딱지바수염반날개에 고마운 마음도 슬쩍 듭니다.

고마로브집게벌레

날개 접기 달인

곧 장마가 시작되는 6월 어느 날. 아얏! 뭔가가 바지 속에서 살을 물었습니다. 깜짝 놀라서 급히 일어나 바지를 털었더니 고마로브집게벌레가 떨어져 나왔습니다. 밭에서 일할 때 바짓단에 휩쓸려 들어왔나 봅니다. 날이 습해지니 집게벌레가 여기저기서 나타납니다. 집게벌레 종류는 대부분 야행성인데, 고마로브집게벌레는 낮에도 활동해서 비교적 쉽게 보입니다.

물렸을 때 따끔하기는 했지만 벌에 쏘였을 때와 같은 통증은 없었습니다. 물린 곳을 보니 피는 나지 않았고 붉은 흔적만 있었어요. 독이 없어서 그런가 봅니다. 그런데 고마로브집게벌레는 남의 살을 물어 놓고 미안하지도 않은지 서두르는 기색도 없이 제 갈 길을 갑니다. 약이 올라서 발로 땅을 한번 쾅! 구르니 녀석은 유연하게 배를 들어 올립니다. 꼭 '싸울래? 또 물려 볼래?' 하듯이 겁을 주는 것 같습니다.

고마로브집게벌레. 잡식성이라 동물 사체는 물론 꽃 수술도 먹어요.

암컷과 수컷 집게 모양이 달라요

수컷　　　　　암컷

수컷은 집게 안쪽에
돌기가 있어요.

　고마로브집게벌레의 집게는 꼬리털이 변형된 것입니다. 자기들끼리 싸울 때는 방어용으로, 사냥할 때는 공격용으로 씁니다. 뒤에서 보니 집게는 전갈 꼬리 같기도 하고 사슴뿔처럼 보이기도 합니다. 집게 모양은 암수가 다릅니다. 수컷은 살짝 휘었고 안쪽에 돌기가 있는데, 암컷은 거의 휘지 않았고 돌기가 없습니다. 암컷은 알을 낳은 뒤에도 곁을 떠나지 않을뿐더러 부화할 때까지 살뜰히 돌봅니다.

　나름 저를 위협하던 녀석은 잠시 후 풀줄기로 올라가더니 갑자기 날아올랐습니다. 집게벌레가 나는 모습을 처음 보기도 했거니와 작은 겉날개에서 커다란 속날개가 순식간에 활짝 펼쳐지듯 튀어나와서 깜짝 놀랐습니다. 어떻게 그럴 수 있을까요?

　고마로브집게벌레의 속날개는 세로뿐만 아니라 가로로도 접힙니다. 그래서 몸집에 비해 작은 겉날개에 쏙 들어가고, 펼칠 때 큰 탄성을 얻을 수 있습니다.

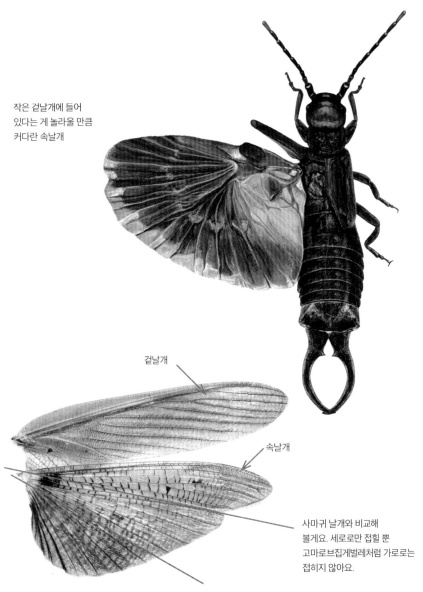

작은 겉날개에 들어
있다는 게 놀라울 만큼
커다란 속날개

겉날개

속날개

사마귀 날개와 비교해
볼게요. 세로로만 접힐 뿐
고마로브집게벌레처럼 가로로는
접히지 않아요.

다른 집게벌레들 *

못뽑이집게벌레. 집게가 정말 못을
뽑을 수 있을 것처럼 생겼네요.

끝마디통통집게벌레. 날개가
퇴화해서 없어요.

• 집게벌레의 한 종류인 양집게벌레는 상어, 가오리, 홍어, 뱀처럼 수컷의 생식기가
2개입니다. 동물에게는 번식이 가장 중요합니다. 그러니 혹시 있을지 모를 사고에 대비해서
여분 생식기를 갖고 있는 거랍니다.

불나방 무리

'불'이 아니라 '빛'을 향해서

바람에 부러진 나뭇가지를 주워다 종종 마당에서 모닥불을 피웁니다. 이글이글 타오르는 불길을 멍하니 바라보고 타닥타닥 나뭇가지가 타들어 가는 소리를 듣다 보면 몽롱해집니다. 뇌도 좀 쉬는 기분이 들고 가족끼리 그간 묵혀 뒀던 이야기도 나누면서 편안한 시간을 보내는데 평화를 깨는 곤충이 등장합니다. 바로 죽을 줄도 모르고 불에 뛰어드는 불나방입니다.

사실 불나방은 불이 아니라 빛에 달려듭니다. 불나방을 비롯해 야행성 곤충은 달빛을 기준으로 이동 방향을 잡는데, 불빛을 달빛으로 착각해 날아오

는 거지요. 가로등 불빛에 많은 곤충이 모여드는 것도 그 때문입니다. 가로등처럼 밤을 밝히는 여러 불빛은 이미 공해 수준입니다. 그래서 빛공해(Light pollution)라는 말도 생겼고요. 오직 사람의 편의 때문에 야행성 곤충은 생체 주기가 깨지고, 수많은 동물은 밤에도 천적에게 노출될 가능성이 큰 시대를 살아야 합니다.

점무늬불나방. 배 윗면이 아주 붉습니다. 수컷 더듬이는 빗살 모양, 암컷 더듬이는 톱니 모양입니다.

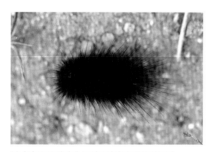

불나방 종류 애벌레. 토실토실하며 제법 빠르게 움직입니다.

똥
허물
고치

미국흰불나방 애벌레들이 만든 그물 집.
미국흰불나방은 애벌레 시절에 무리 지어 삽니다.
토해 낸 실로 나뭇잎을 그물처럼 감쌉니다. 종령(마지막 애벌레 시기)이 되면 더 이상 같이 살지 않고 흩어집니다.

풀잠자리 무리

잠자리도 아니고 우담바라도 아니야

강원도 하면 옥수수죠. 바구니를 들고 옥수수를 따러 밭에 갔습니다. 그런데 옥수수 잎 뒤에 작고 하얀 알이 쪼로니 매달려 있었습니다. 풀잠자리* 종류 알입니다. 알이 달린 모양 때문에 우담바라로 착각하는 사람도 간혹 있습니다. 우담바라는 불교에서 일컫는 상상의 꽃입니다.

　풀잠자리 종류는 잠자리라는 이름이 붙었지만 잠자리(124쪽 참조)하고는 상관없는 곤충입니다. 진딧물을 먹고 살기에 진딧물이 많은 곳에서 쉽게 찾을 수 있습니다. 그래서 알도 진딧물이 많은 곳에다 낳습니다. 애벌레가 깨어나면 바로 밥을 먹을 수 있게끔 말이지요.

알은 불교 전설에 나오는 꽃 우담바라를 닮았습니다.

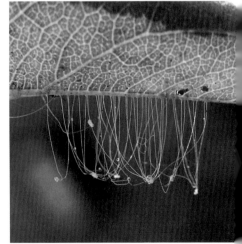

애벌레가 빠져나간 알 껍질

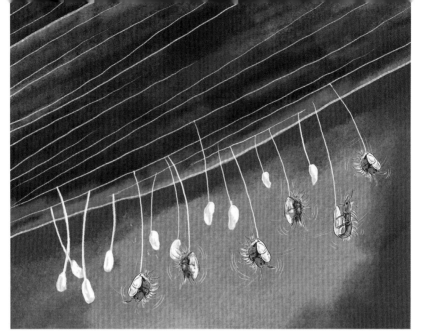

알에서 애벌레가 나오는 모습

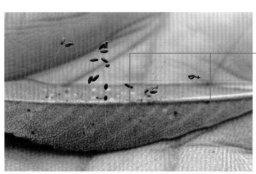

애벌레가 빠져나가 비었거나 부화하기 전에 죽은 알. 확대해서 보면 애벌레가 나간 알에는 흔적이 있습니다.

어른벌레. 날개를 만지면 고약한 냄새가 납니다.

애벌레

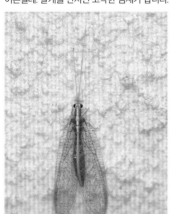

식물 즙을 빠는 진딧물을 먹으니 농부에게는 반가운 곤충입니다. 그런데 이런 풀잠자리 종류를 달가워하지 않는 곤충이 있습니다. 바로 진딧물과 공생 관계인 개미입니다. 개미는 진딧물을 지켜 주고 단물을 얻는데 풀잠자리가 진딧물을 죽이니까 마주치면 당연히 공격합니다. 풀잠자리도 마냥 당하고만 있을 수는 없으니 방법을 마련했습니다. 질기고 가느다란 실 끝에다가 알을 하나씩 매달아 낳는 방식으로요. 천적에게 먹히지 않으려고 만들어 낸 알 모양이 사람에게는 꽃처럼 보이기도 하는 거고요.

보름 정도 지나면 탱탱한 알에서 애벌레가 깨어 나옵니다. 대롱대롱 매달려 나오는 모습이 귀엽습니다. 애벌레가 나온 알은 찌그러지고 점점 거무스름해집니다. 애벌레는 위장술이 뛰어납니다. 천적에게 먹잇감처럼 보이지 않으려고 나무 조각이나 솜털, 때로는 자기가 잡아먹은 곤충의 사체까지 뒤집어쓰기도 합니다. 다 자란 풀잠자리는 불쾌한 냄새로 몸을 보호합니다. 섬세해 보이는 날개를 만지면 고약한 냄새가 나요.

• 풀잠자리는 한 종(*Chrysopa intima*)의 이름이기도 하고 풀잠자리 무리를 통칭하는 이름이기도 합니다. 앞서 소개한 풀잠자리 종류는 풀잠자리목(Neuroptera)에서도 풀잠자리과(Chrysopidae)에 속합니다.
이 외에 애벌레(개미귀신)가 특히 유명한 명주잠자리, 잠자리와 매우 비슷하게 생긴 뿔잠자리 등도 풀잠자리 무리(명주잠자리과)에 속합니다.

명주잠자리

풀잠자리 무리에
속하는 명주잠자리의
애벌레입니다.
개미를 사냥해서
개미귀신이라고부릅니다.
개미귀신이 동료 머리를
잘라서 자기 뿔에
꽂았습니다.

개미귀신이 사는 곳.
땅에다 거꾸로 된
원뿔 모양으로 구멍을
파고서는 그 밑에서
개미가 빠지기를
기다립니다.

명주잠자리 어른벌레

애알락명주잠자리

더듬이

풀잠자리 무리에 속하는
애알락명주잠자리 애벌레입니다.
이끼개미귀신이라는 별명이 있습니다.
하지만 사진에서 이끼처럼 보이는 건
지의류입니다. 그 속에 숨어 있다가
지나가는 곤충을 잡아먹습니다.
위장술이 아주 뛰어납니다.

애알락명주잠자리 번데기

노랑뿔잠자리. 나비를
닮았지만 풀잠자리 무리에
속합니다.

건축 천재

시골로 이사 온 후 벌을 자주 봅니다. 때마침 우리 집 처마 밑에 등검정쌍살벌이 집을 짓기 시작했습니다. 사람이 사는 집 처마 밑은 비도 피할 수 있고 따뜻하며, 주변에 먹거리도 많아서 새끼를 키우기 좋습니다. 그런데 벌을 무서워하는 사람이 많아서 대개는 벌집을 발견하면 제거합니다. 하지만 저는 줄곧 벌이 어떻게 집을 짓고 새끼를 키우는지 궁금했던 터라 가까이에서 관찰할 좋은 기회로 여겨 제거하지 않기로 했습니다.

겨울잠에서 깬 지 얼마 되지 않은 이른 봄, 아직은 날도 춥고 먹거리도 충분하지 않습니다. 하지만 여왕벌은 집도 지어야 하고 알도 낳아야 하니 바쁘게 움직입니다. 주변 나무로 날아가 턱으로 껍질을 긁어서 가져온 다음 침과 섞어서 방을 하나하나 만들었습니다. 제가 관찰한 바에 따르면 쌍살벌은 처음부터 육각형으로 방을 만들지는 않았습니다. 동그랗게 지어 나갔는데, 나중에 방끼리 눌리면서 자연스럽게 육각형으로 자리를 잡았습니다. 그러면서 빈틈 없이 효율적인 집이 완성되었습니다.

등검정쌍살벌

여왕벌이 턱으로
긁으면서 집 재료를
모으고 있습니다.

쌍살벌의 영어 이름은 종이말벌(Paper wasp)입니다(110쪽 참조). 과연 나무 부스러기로 지은 쌍살벌 집을 만져 보면 꼭 종이처럼 바스락거립니다.

여왕벌이 긁은 흔적

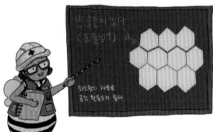

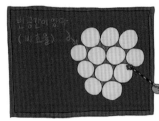

공간 효율이 높은 육각형

여왕벌은 지난해에 수컷과 짝짓기해서 받은 정자를 바로 수정하지 않고 저장낭에 보관해 둔 채 겨울잠에 듭니다. 그리고 이듬해 봄에 집을 다 짓고서 알을 낳을 시기에 이 정자를 써서 수정합니다. 여왕벌이 낳은 알(유정란)에서 깨어나는 벌은 모두 암컷입니다. 그리고 가을에는 정자와 결합하지 않은 알(미수정란)을 낳습니다. 미수정란은 모두 수컷으로 깨어납니다.

봄에 낳은 알이 부화하면 여왕벌은 애벌레에게 먹일 먹이를 구해 옵니다. 여왕벌은 잡아 온 먹이를 잘근잘근 씹어서 애벌레가 먹기 좋게 동글동글 빚어냅니다. 그 모양이 꼭 우리가 먹는 경단과 비슷해서 애벌레 먹이를 경단이라고도 부릅니다. 여왕벌이 지극히 먹이고 보살핀 덕에 애벌레는 잘 먹고 무럭무럭 자랍니다.

번데기가 될 무렵이면 애벌레는 방 입구를 하얀 막으로 막습니다. 어른벌레로 탈바꿈하면 이 하얀 막을 찢고 나오지요. 그즈음에 여왕벌은 새로 알을 낳아 방 입구 옆에다 붙여 놓습니다. 1세대가 탈바꿈해서 나오면 그 방에서 2세대가 자라겠지요. 지어 놓은 자원을 알뜰하게 재활용합니다. 1세대 일벌이 생기면 여왕벌은 육아 부담을 덜 수 있습니다. 1세대가 2세대를 보살피거든요.

각 방에서 부화한 애벌레

여왕벌이 애벌레에게 경단을 먹입니다.

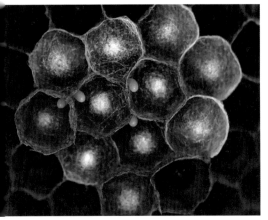

여왕벌이 2세대 알을 낳아서 애벌레 방 옆에다 붙여
놓았습니다.

여왕벌과 1세대 일벌과 번데기와 애벌레와 알이 한 집에
있습니다.

등검정쌍살벌을 처음 봤을 때는 왕바다리인 줄 알았습니다. 왕바다리는 등 (가슴 윗면)이 노랗고 등검정쌍살벌은 이름처럼 등이 까만데 말이지요. 게다가 등검정쌍살벌이 왕바다리보다 흔한데도 착각을 했네요.

등검정쌍살벌

왕바다리

출발!
동네로 떠나는
곤충 탐사

하늘

숲속

두

들판

매미

시끄러워도 이해해 줘

맴!맴!맴!맴! 매~에~엠~~~~ 매미가 요란스럽게 여름이 왔음을 알립니다. 처음에는 매미 소리를 들으면 여름 정취가 느껴져 정겨웠는데 이제는 너무 시끄러운 나머지 '그만 좀 울어라!'라고 같이 소리를 지르고 싶어질 지경입니다.

　매미 소리는 대체로 수컷이 암컷을 찾는 소리입니다. 수컷은 자신이 얼마나 건강한지를 증명하고자 우렁차게 울어 댑니다. 어떤 수컷이 큰 소리를 내면 다른 수컷들은 경쟁하듯 더 큰 소리를 냅니다. 주변 소음이 심한 도시에서는 매미들이 소음을 이기고자 더욱 소리를 높일 수밖에 없습니다. 그나마 소음이 덜한 시골이라서 이 정도인 걸 다행으로 여겨야 할까요.

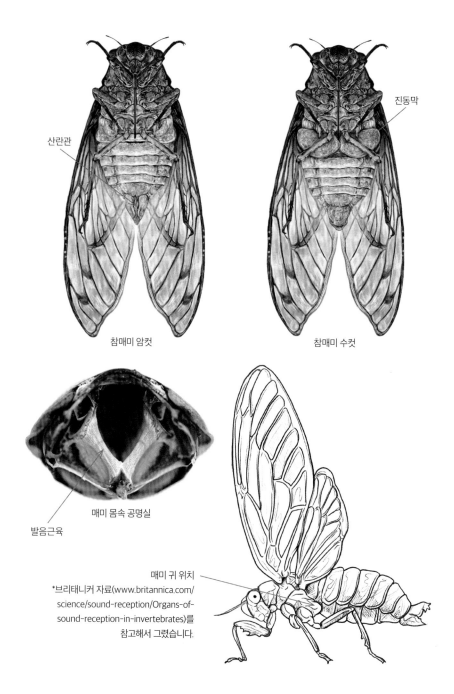

산란관

진동막

참매미 암컷

참매미 수컷

매미 몸속 공명실

발음근육

매미 귀 위치
*브리태니커 자료(www.britannica.com/
science/sound-reception/Organs-of-
sound-reception-in-invertebrates)를
참고해서 그렸습니다.

수컷 매미가 소리를 내는 원리는 기타가 울리는 원리와 같습니다. 기타는 몸통이 텅 비어 있습니다. 기타 줄을 튕기면 공기에 파동이 생기고, 이 파동이 텅 빈 몸통으로 퍼지면서 소리가 증폭되어 더 크게 울립니다. 매미 몸속에도 공명실이라는 빈 공간이 있습니다. 매미가 몸 양쪽에 있는 발음근육을 수축하며 진동을 일으키면 기타 줄을 튕길 때처럼 소리가 나고, 이 소리는 공명실에서 더 크게 울립니다. 그래서 수컷은 거의 배를 실룩거립니다. 계속 소리를 내야 하니까요. 암컷은 소리를 내지 않기에 몸속에 공명실도, 발음근육도 없습니다.

매미는 종마다 다른 소리를 냅니다. 그래서 암컷은 소리만 듣고도 같은 종 수컷을 구별합니다. 매미의 귀는 몸통 옆, 세 번째 다리가 나오는 곳 바로 위쪽에 있습니다. 암컷은 물론 수컷에게도 있고요. 저도 참매미, 쓰름매미, 말매미, 유지매미까지는 소리로 구별하겠는데, 다른 종들은 들어도 그때뿐이고 잘 분간이 가지 않더라고요. 매미 암컷과 수컷은 소리를 내는지 아닌지로 구별할 수 있지만 생김새도 차이가 납니다. 수컷 배에는 진동막이 있고, 암컷 배 끝에는 산란관이 있습니다.

암컷 산란관

산란관

짝짓기

수컷

암컷

매미가 알을 낳아 죽은 나뭇가지

암컷은 짝짓기가 끝나면 나뭇가지 틈에다 산란관을 찔러 넣고 알을 수십 개 낳습니다. 종에 따라서 알 생김새가 다른데요, 참매미 알은 쌀처럼 약간 길쭉하게 둥그스름합니다. 알을 다 낳고 나면 암컷은 몸을 부르르 떱니다. 간혹 매미 알이 나뭇가지의 물관이나 체관을 건드리기도 합니다. 그러면 그 나뭇가지는 죽습니다. 물론 사람은 그 사실을 다음 해가 되어서, 이미 죽은 나뭇가지를 보고서야 알 수 있고요.

알은 나뭇가지 안에서 겨울을 나고 이듬해에 부화합니다. 매미는 알-약충-성충 단계를 거치는 안갖춘탈바꿈을 하기에 알에서 약충으로 깨어납니다. 막 부화한 약충은 하얀색 개미처럼 보이며 나뭇가지에서 땅으로 그냥 뚝, 떨어집니다. 개미 같은 천적에게 잡아먹힐 가능성이 큰데도 자유 낙하하는 까닭은 땅속에서 살아야 하기 때문입니다.

매미는 땅속에서 나무뿌리 즙을 빨아 먹고 허물을 벗으며 거의 평생을 보냅니다. 약 5년을 사는 참매미와 우리나라에는 없지만 약 17년을 사는 주기매미의 생애 주기를 보면 알 수 있듯이 매미는 땅 위로 올라와 지내는 시간, 그러니까 성충 시기가 매우 짧습니다.

참매미	알	약충			성충
	1년	2년	3년	4년	5년

주기매미	알	약충														성충
	1년	2년	3년	4년	5년	6년	7년	8년	9년	10년	11년	12년	13년	14년	15년	16년	17년

날개돋이 과정

매미 허물

매미는 날개돋이하려고 땅 위로 올라옵니다. 그리고 꼭 저녁 시간에 나오고요. 날개돋이 과정은 길고 이때는 무방비 상태가 되기에 특히나 천적에게 들키지 않아야 하거든요. 아주 중요한 만큼 위험하기도 해서 날개돋이 때 죽는 매미가 많습니다.

날개돋이는 등 가운데가 갈라지면서 시작됩니다. 중력을 이용해야 허물을 벗기 수월하기에 몸을 아래쪽으로 굽혀 활처럼 휘도록 합니다. 허물을 자세히 보면 흰색 실이 있는데요, 이건 호흡관 흔적입니다. 허물을 막 벗었을 때 몸 색깔은 거의 흰색에 가까운 푸른색입니다. 시간이 지나면 푸른색이 사라지고 갈색으로 변합니다.

허물을 다 벗으면 오줌*도 누고 날개도 말리며 쉽니다. 다리며 날개맥이 충분히 단단해져야 이동할 수 있는데 그러려면 시간이 걸리거든요. 날개맥은 시나브로 혈액이 차고 부풀면서 펴집니다. 매미 허물은 단단한 키틴으로 이루어져 있습니다. 다 자라서 땅 위로 올라와 마지막 허물을 벗으니 허물 생김새만 보고도 매미 종류를 구별할 수 있습니다.

오줌 누기

* 여름에 숲을 산책하다 보면 비도 안 오는데 물방울을 맞을 때가 있습니다. 물방울의 정체는 매미 오줌일 가능성이 큽니다. 매미는 수액을 많이 먹고, 몸속에 과다한 수분을 빼려고 오줌을 누며 체온을 조절합니다. 또 날기 직전에 몸을 가볍게 하려고 오줌을 누기도 합니다. 위협을 느끼면 그 대상을 향해 오줌을 쏘기도 합니다. 매미 '오줌'이라고 하니 맞으면 괜히 찝찝할 것 같지요? 사실은 매미가 빨아 먹은 수액이 몸을 거쳐 나오는 물일 뿐이랍니다. 사람의 오줌과는 성분이 달라요.

말벌 무리

무섭지만은 않다?

시골에 살다 보니 벌을 자주 봅니다. 벌 종류는 크게 말벌과 꿀벌로만 나누는 줄 알았는데 말벌과 쌍살벌도 비교하는 일이 많더라고요. 생김새가 비슷해서 말벌이나 쌍살벌이나 같은 줄 알았는데 다르다고 하니 머릿속이 뒤엉켰습니다.

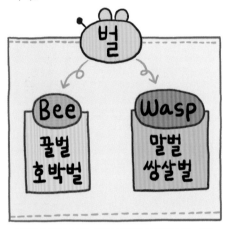

우리가 흔히 볼 수 있는 벌은 큰 틀에서 꿀벌 종류(Bee)와 말벌 종류(Wasp)로 나눕니다.

말벌과 쌍살벌은 모두 말벌과(Vespidae)에 속하는 친척지간입니다. 말벌과의 벌을 통틀어 이르는 이름과 말벌이라는 종(*Vespa crabro*)의 이름이 같다 보니 헷갈린 거지요. 영어권에서는 말벌과의 벌을 통칭해서 와스프(Wasp)라고 합니다. 말벌과는 큰 틀에서 말벌 무리와 쌍살벌 무리로 나눕니다. 말벌 무리에는 우리가 아는 그 말벌 종류와 땅벌 종류 등이 있고, 쌍살벌 무리에는 쌍살벌 종류와 뱀허물쌍살벌 종류가 있습니다.

말벌과 쌍살벌은 어떻게 구별할까요? 일단 저는 무서우면 말벌, 순하면 쌍살벌이라고 여깁니다. 말벌은 웅웅거리는 날갯짓 소리만 들어도 무서워요. 그러나 소리만 들어서는 성격을 알 수 없으니 생김새 차이점을 알아야겠지요. 둘은 가슴과 배의 이음새를 보고 구별할 수 있습니다. 곤충에게는 허리가 없지만 여기서는 편하게 이 이음새를 허리라고 부를게요. 말벌은 허리 단면이 반듯한 직선이고요, 쌍살벌은 부드러운 곡선입니다. 하지만 빠르게 날아다니

말벌과 쌍살벌 비교

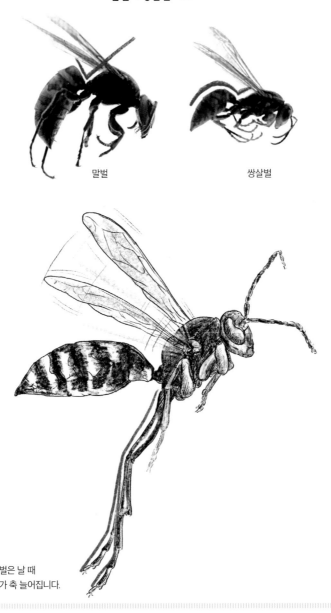

말벌   쌍살벌

쌍살벌은 날 때
다리가 축 늘어집니다.

는 벌의 허리 단면을 바로 알아채기란 어렵지요. 그럴 때는 다리를 보면 됩니다. 쌍살벌은 날아다닐 때 다리를 축 늘어트리거든요.

　여러 매체에서 말벌은 다른 곤충 애벌레나 꿀벌을 공격하는 사냥꾼으로 비칠 때가 많습니다. 하지만 꽃가루나 꿀도 먹는 잡식성입니다. 몸집이 커서 몸무게도 제법 나가지만 몸집에 비해서 날개는 꽤 작습니다. 그런 탓에 물을 마시려다가 물에 빠져 죽는 어이없는 일도 생깁니다. 작은 날개로는 물에 빠진 큰 몸을 들어 올릴 수가 없거든요.

　벌은 암컷에게만 침이 있습니다. 산란관이 침으로 변했기 때문입니다. 꿀벌은 침을 한 번 쏘면 내장이 딸려 나와 자기도 죽지만 말벌은 여러 차례나 침을 쏠 수 있습니다. 한번은 실수로 땅벌 영역에 들어갔다가 여러 마리에게 쏘인 적이 있습니다. 땅벌에게 쏘인 곳은 금방 부풀어 올랐습니다. 침에 독성 물질이 있기 때문입니다. 이렇게 쏘였을 때는 차가운 물로 씻고 얼음 찜질로 응급 처치를 합니다. 혹시 통증이 가라앉지 않거나 과민반응이 나타나면 즉시 병원으로 가야 하고요.

말벌 얼굴

꽃가루를 먹는 말벌

물에 빠져
죽은 말벌

땅벌. 침이 굉장하지요?

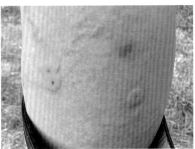

땅벌에 쏘여 부풀어 오른 피부

말벌 집

이웃 할아버지네 창고에 말벌이 집을 지었습니다. 놀랍게도 이곳에 사는 벌들은 할아버지를 알아보는 것 같습니다. 매일 창고를 드나드는데도 공격하지 않거든요. 드물게 시골에서는 말벌과 사람이 공존하는 사례가 있습니다.

다리 밑에 집을 지었습니다. 그 아래에서 가족이 물놀이를 하고 있습니다. 역시나 보기 드문 장면입니다. 보통은 사람이 집 근처에만 가도 말벌이 가만히 있지 않거든요.

수풀에 집을 지었습니다. 지나가다 모르고 건드렸다가는 큰일 나겠지요.

가로수에 집을 지었습니다.

절벽에다가도 집을 지었습니다.

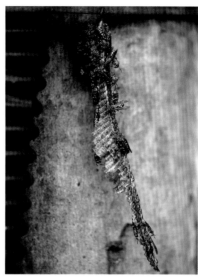

뱀허물쌍살벌 집입니다. 이름처럼 집이 꼭 뱀 허물처럼
생겼습니다. 산에 가면 쉽게 볼 수 있습니다. 그런데
신기하다고 밤에 불빛을 비추면 안 됩니다. 불빛을 따라
움직이는 뱀허물쌍살벌의 집중 공격을 받을 수 있습니다.

벌집 재료

말벌 집 안을 들여다보면 참 아름답습니다.
나무껍질을 침과 섞어 반죽한 다음 한 켜씩 쌓아
올립니다.

말벌과 달리 꿀벌은 몸에서 나오는 물질을 재료
삼아 집을 짓습니다.

115

모시나비

내 유전자만 낳아 줘

봄은 봄이지만 아직은 추운 4월. 귀한 모시나비를 만났습니다. 전국에서 나타나지만 딱 이맘때만 보인답니다. 모시나비는 다른 나비에 비해 인편(비늘)*이 적습니다. 그래서 '모시' 나비가 되었습니다. 모시는 속이 다 비칠 만큼 얇은 옷감입니다. 투명할 정도로 얇은 날개와 달리 몸은 털옷으로 무장했습니다. 꼭 4월에도 겨울옷을 벗지 못하는 강원도 사람 같습니다.

모시나비가 나풀나풀 기품 있게 나는 모습을 바라보는데 배 쪽으로 눈이 갑니다. 짤주머니처럼 생긴 것이 매달려 있어서요. 짝짓기를 한 뒤에 수컷이 암컷 배에다 붙여 놓은 수태낭입니다. 수컷은 자기 유전자만을 남기고 싶어서 암컷이 다른 수컷과 짝짓기할 수 없도록 짝짓기가 끝난 다음에 분비물로 주머니(수태낭)를 만들어 암컷 배 끝 교미관에 붙입니다. 알을 낳아야 하니 산란관에는 붙이지 않아요. 수태낭은 처음에는 말랑말랑하지만 시간이 흐르면서 점점 굳어 딱딱해집니다. 한 번 짝짓기한 암컷은 죽을 때까지 이 수태낭을 매달고 다녀야 합니다.

암컷은 현호색이나 산괴불주머니 등에 알을 낳습니다. 모시나비는 알 상태로 겨울을 나고, 이듬해에 알에서 깨어나 현호색이나 산괴불주머니를 먹으며 자라고 번데기 과정을 거친 뒤에 어른벌레가 됩니다. 이를테면 올해 4월에 낳은 알은 다음 해 4월에 부화해 자랍니다.

알이 달린 채로 죽은 모시나비

투명할 정도로 날개가 얇은 모시나비(암컷)

몸에는 털이 북실북실해요(수컷).

수태낭이 달린 암컷

인편 구조(현미경 사진)

• 나비와 나방이 속하는 나비목은 영어로 레피도프테라(Lepidoptera)라고 합니다.
'비늘(Lepido-)+날개(pteron)'에서 유래한 이 이름에서 알 수 있듯이 나비목의 가장
큰 특징은 날개에 있는 인편(비늘)입니다.
인편은 몸에 난 털들이 납작하게 바뀐 것이며 키틴질로 이루어져 있습니다. 서로 포개지듯
놓여 있어 날개 사이로 빗물이 스며들지 않습니다. 방수는 물론 방어 기능도 있습니다.
인편은 결정 구조에 따라 빛의 반사와 간섭을 거치면서 다양한 색을 띱니다(구조색).
이렇게 해서 나타나는 무늬로 천적을 속일 수 있지요. 그런데 인편은 상황에 따라서 쉽게
하나씩 떨어지기도 합니다. 이를테면 거미줄에 걸리더라도 인편만 몇 개 버리면 탈출할 수
있습니다.

귀를 기울이면

메뚜기가 폴짝폴짝 뛰는 모습을 보며, 여치가 내는 맑고 경쾌한 소리를 들으며 가을이 왔음을 실감합니다. 그런데 처음에는 가을 낮 풍경 속 곤충이 메뚜기인지 여치인지, 밤에 노래하며 짝을 찾는 곤충이 메뚜기인지 여치인지 헷갈리고는 했습니다.

　메뚜기는 주로 낮에 움직입니다. 대체로 시각과 청각을 같이 활용하기에 여치만큼 더듬이가 길지 않습니다. 짝을 찾을 때면 메뚜기도 소리를 냅니다. 뒷다리에 있는 작은 돌기를 날개에 비비면 날개 정맥 사이에 있는 막이 팽창하면서 소리가 더 잘 납니다. 마치 막대기로 빨래판을 긁는 것 같은 다르르륵 다르르륵 하는 소리로, 딱딱 끊어지는 듯하지만 연속성이 있습니다. 하지만 우리가 메뚜기 소리를 듣기는 쉽지 않습니다. 그도 그럴 것이 사람이 다가가면 위협을 느껴 소리를 내지 않기 때문입니다.

방아깨비. 메뚜기류답게 뒷다리가 깁니다. 몸집이 크고 잘 날지 못해 사람한테 잘 붙들립니다. 이때 도망가려고 발버둥 치는 모습이 꼭 방아를 찧는 모습과 닮았습니다.

베짱이. 여치류답게 더듬이가 깁니다.

반대로 여치는 대개 밤에 활동합니다. 시각보다는 촉각과 청각에 더 의존하기에 더듬이가 깁니다. 더듬이가 꽤 길다 싶으면 대체로 여치 종류라고 보면 됩니다. 날개를 서로 비비면서 소리를 냅니다. 소리로 의사소통을 하니 그 소리를 들을 수 있어야겠지요. 메뚜기류는 배에, 여치류는 다리에 고막이 있습니다.

	메뚜기류	여치류
활동 시간	낮	밤
더듬이	짧다	길다
소리 내는 방법	다리를 날개에 비벼서	날개끼리 비벼서
고막 위치	배의 첫 번째 마디 옆면	종아리가 꺾이는 부분

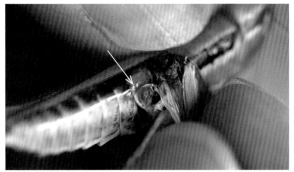

메뚜기류 고막(배)

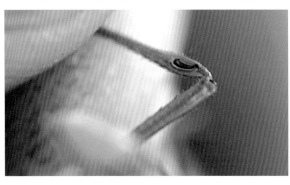

여치류 고막(다리)

방아깨비

얼굴과 눈이 다 길쭉하고 더듬이는 꽤 두툼합니다.

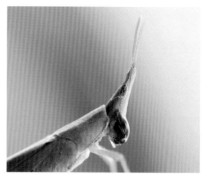

위협을 느끼면 갈색 위액을 토합니다. 위액은 산성이어서 역겨운 냄새가 납니다. 이런 방식으로 포식자에게서 자신을 지킵니다.

섬서구메뚜기. 언뜻 방아깨비와 비슷하게 생겼지만 크기가 더 작습니다. 게다가 수컷은 새끼라고 오해를 받을 정도로 훨씬 작습니다.

밑들이메뚜기. 녹색 몸에 검은 무늬가 선명합니다. 날개는 퇴화해 흔적만 남았습니다.

풀무치는 주변 환경에 따라 녹색, 갈색으로 색이 변합니다.

122

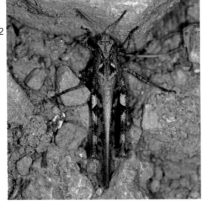

팥중이는 등에 있는 X자 무늬가 특징입니다.

짝짓기. 팥중이도 섬서구메뚜기처럼 수컷이 암컷보다 훨씬 작습니다.

땅을 파 알을 낳고 있습니다.

갈색 여치

우리 집은 산 주변에 있어서인지 여치가 자주 들어옵니다. 이 녀석은 문틈에 끼어 꼼짝달싹 못하고 있었습니다. 산란관이 없으니 수컷입니다. 수컷은 날개를 비벼 소리를 내며 암컷을 부릅니다.

암컷이 우리 집 부엌에서 막 허물을 벗었습니다. 수컷과 달리 긴 산란관이 있습니다.

곤충계 최고 비행사

놀라운 경험을 했습니다. 글쎄, 잠자리가 제 앞에서 딱 멈추더니 공중에 가만히 떠 있는 게 아니겠어요? 짧은 시간이었지만 꼭 시간이 멈춘 듯했습니다. 이처럼 중력을 거슬러 제자리에 뜬 채로 날갯짓만 하는 기술을 정지비행, 영어로는 호버링(Hovering)이라고 합니다. 잠자리도 새처럼 호버링을 하더군요!

공중에서 정지하려면 중력, 양력*, 추진력, 항력이 어느 쪽으로도 쏠리지 않게 균형을 맞춰야 합니다(위쪽과 아래쪽 힘의 균형을 맞춰야 하니 중력과 양력이 같아야 하고, 앞쪽과 뒤쪽 또한 힘의 균형을 맞춰야 하니 항력과 추진력도 같아야 합니다). 항상 바람이라는 변수도 있기에 이 점까지 고려해야 하는 대단히 섬세한 기술입니다.

잠자리 날개는 튼튼한 가슴근육에 연결되어 있고, 4장 모두 따로따로 움직일 수 있습니다. 그래서 날개를 비틀어 날 수도 있고, 정지비행은 물론 후진비행(실잠자리 무리)까지도 할 수 있습니다. 아주 재빠르고 자유롭게 날 수 있는 덕분에 잠자리는 곤충계 최고의 공중 사냥꾼이 될 수 있었습니다.

잠자리 날개** 구조

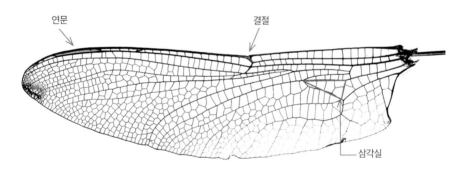

연문: 날개 끝에 단백질로 채워진 막으로, 날개 전체의 균형을 잡아 주는 무게 추와 같습니다. 이 덕분에 잠자리는 자유자재로 비행할 수 있습니다. 원시 잠자리 메가네우라에는 없었던, 진화의 결과입니다.
결절: 긴 날개가 꺾여 부러지지 않도록 중간을 단단하게 묶어 주는 매듭과 같습니다.
삼각실: 날개맥 사이에 나타나는 삼각형 공간. 무리에 따라 삼각실이 놓이는 모양이 조금씩 달라서 종을 구별하는 포인트가 됩니다. 실잠자리 무리는 사각실로 나타납니다.

매미와 잠자리 날개 비교

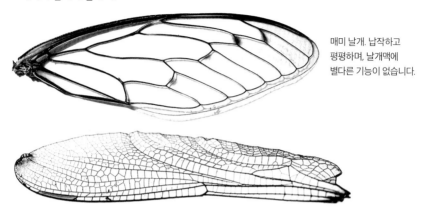

매미 날개. 납작하고
평평하며, 날개맥에
별다른 기능이 없습니다.

잠자리 날개. 옆에서 보면 평평하지 않습니다. 약간 도톰하게
구부러져 있어 양력을 일으킬 수 있습니다. 날개맥에 연문,
결절처럼 비행을 돕는 기능이 있습니다.

잠자리와 실잠자리 비교

실잠자리. 앞날개와 뒷날개 크기가 비슷하며,
날개를 포개어 접을 수 있습니다.

잠자리. 뒷날개가 앞날개보다 크며, 날개를 포개어
접을 수 없습니다.

잠자리 머리

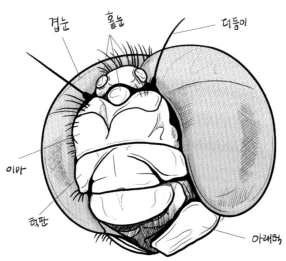

잠자리하면 빼놓을 수 없는 또 다른 특징이 바로 커다란 겹눈입니다. 머리 양쪽에 2개가 있으며, 머리 전체를 덮을 정도로 큽니다. 겹눈 하나는 낱눈 약 1만 5,000개로 이루어집니다(낱눈 수는 종에 따라서 다릅니다). 낱눈에는 저마다 시신경이 연결되어 있어서 낱눈 하나하나가 따로따로 사물을 봅니다. 겹눈으로는 낱눈에서 보는 장면 하나하나가 모여 모자이크처럼 보이고요. 그래서 포식자가 바로 앞에서 가만히 있으면 움직임을 인식하지 못해서 피하기가 어렵습니다. 잠자리가 잘 움직이지 않는 사마귀한테 곧잘 잡아먹히는 이유이지요. 머리 가운데에는 홑눈이 3개 있습니다. 홑눈으로는 밝고 어두운 정도만 구분하지만 홑눈에서 얻은 정보를 바탕으로 사물을 더욱 입체적으로 파악할 수 있습니다. 감각 기관으로서 눈이 큰 역할을 해서인지 더듬이는 매우 짧습니다.

잠자리는 짝짓기 자세가 독특합니다. 암컷과 수컷의 생식기가 서로 다른 곳에 있기 때문입니다. 암컷은 배 끝, 그러니까 아홉 번째 배마디에 생식기가 하나 있습니다. 수컷은 암컷처럼 아홉 번째 배마디에 첫 번째 생식기가 있고, 가슴에 두 번째 생식기가 있습니다. 이처럼 정자가 나오는 곳(첫 번째 생식기)과 암컷과 짝짓기해 수정이 이루어지는 곳(두 번째 생식기)이 달라서 수컷은 짝짓기 전에 정자를 두 번째 생식기로 미리 옮겨 놓아야 짝짓기를 할 수 있습니다.

암컷은 배 끝에 있는 생식기를 수컷 가슴 쪽에 있는 두 번째 생식기에 갖다 대어야 하니 자세가 불안정할 수밖에 없습니다. 그래서 암컷은 수컷의 배를 다리로 꽉 잡고(실잠자리 암컷은 수컷 목을 잡고), 수컷은 암컷 머리를 배 끝으로 꽉 잡아 줍니다. 한편, 암컷이 짝짓기를 하고 싶지 않으면 수컷이 짝짓기를 시도 하고자 암컷 머리에다 배 끝을 갖다 대어도 배를 수컷 가슴 쪽에다 대지 않고 늘어뜨립니다.

무사히 짝짓기가 끝나면 수컷은 암컷 머리를 잡은 채 함께 날 아다닙니다. 이런 행동을 산란경호라고 합니다. 암컷은 짝짓 기를 했다고 해서 바로 수정하지 않고, 일단은 정자를 보 관해 둡니다. 그렇기에 암컷이 알을 낳을 때까지 곁 에서 지키지 않으면 또 다른 수컷이 와서 암컷의 정자낭에 있는 먼젓번 수컷의 정자를 긁어 내고*** 짝짓기를 할 수 있기 때문입 니다.

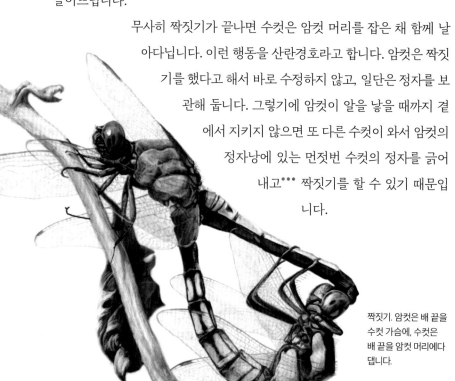

짝짓기. 암컷은 배 끝을 수컷 가슴에, 수컷은 배 끝을 암컷 머리에다 댑니다.

127

수컷 생식기

첫 번째 생식기. 배 끝에
있습니다.

두 번째 생식기. 가슴에 있습니다.

첫 번째 생식기에서 나오는 정자를 두 번째 생식기로
옮깁니다.

암컷 생식기.
배 끝에 있습니다.

　잠자리는 종류에 따라 알을 낳는 방식이 다양합니다. 공중에서 물로 알을
떨어트리거나(공중산란) 꼬리로 물을 탁탁탁 치면서 알을 낳습니다(타수산란).
알은 보통 수십 개에서 수백 개를 낳으며, 종에 따라서 1~3주가 지나면 부화
합니다. 물속에서 깨어난 학배기(잠자리 애벌레)는 열 번 이상 허물을 벗으면서
성장합니다.

하늘을 나는 잠자리가 무서운 사냥꾼인 것만큼 물속에 사는 학배기도 못지 않습니다. 장구벌레(모기 애벌레), 올챙이는 물론이고 웬만한 작은 물고기도 잡 아먹습니다. 톱 같은 갈고리가 달린 턱을 앞으로 쭉 내밀어서 먹잇감을 쉽게 낚아챕니다.

학배기는 물속에서 호흡해야 하기에 아가미가 있고, 아가미는 항문과 연결 되어 있습니다(직장아가미). 아가미는 물속에서 생활하는 애벌레 시절에만 있 고, 어른벌레가 되면 사라집니다. 애벌레 시기가 끝나면 물 밖으로 나와서 식 물 줄기를 붙잡고 날개돋이를 합니다. 이때 몸이 점점 부풀어 오르고 등은 Y자 로 갈라집니다. 날개돋이를 마칠 때까지는 1~2시간이 걸립니다. 날개가 다 마 르면 물가를 떠나 산 쪽으로 올라가 생활하다가 짝짓기를 할 무렵에 다시 물 가로 옵니다.

암컷이 알을 낳고 있습니다.

날개돋이에 실패했습니다. 날개돋이는 어른벌레로
거듭나는 가장 중요한 순간이지만 몸을 방어할 수
없기에 가장 위험한 순간이기도 합니다.

학배기 턱은 앞으로 쭉 늘어납니다.

고추잠자리 수컷. 온몸이 빨갛습니다.

나비잠자리. 뒷날개가 앞날개보다 훨씬 크고, 나는 모습이
꼭 나비처럼 보입니다. 외국에 사는 종인데 큰 태풍이나
바람에 휩쓸려 우리나라로 들어오고는 합니다.

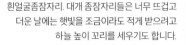

방울실잠자리 수컷. 다리에 방울이 달려 있습니다.
이 방울은 햇빛에 반사되며 반짝거리는데요,
암컷은 이걸 보고 수컷의 건강 상태를 판단합니다.

흰얼굴좀잠자리. 대개 좀잠자리들은 너무 뜨겁고
더운 날에는 햇빛을 조금이라도 적게 받으려고
하늘 높이 꼬리를 세우기도 합니다.

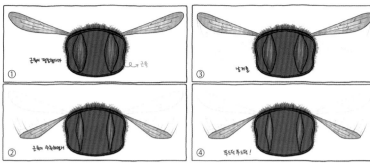

곤충이 나는 원리

• 날개로 날 수 있는 생물은 곤충과 새뿐입니다(일부 날개가 퇴화한 종류 제외).

하지만 곤충과 새가 비행하는 방식은 조금 다릅니다. 대체로 곤충은 오로지 가슴근육만을 써서 날개를 움직여 납니다. 그래서 먼 곳으로 날아 이동할 수가 없습니다. 새 또한 가슴근육을 써서 날개를 움직이기는 하지만 양력도 같이 이용합니다. 바람이 새의 날개를 통과할 때, 날개 위쪽 곡면을 지나는 거리가 아래쪽보다 깁니다. 이 때문에 날개 위쪽에서는 바람이 상대적으로 빠르게, 아래쪽에서는 느리게 흐릅니다.

이런 속도 차이로 기압도 달라지며 아래에서 밀어 올리는 힘(양력)이 생깁니다.

그래서 새는 기류를 타고 아주 먼 거리도 오갈 수 있습니다.

새가 양력을 이용하는 원리

•• 곤충은 날개가 있는지 없는지에 따라 유시류(有翅類), 무시류(無翅類)로 나눌 수도 있습니다. 여기서 한자 시(翅)는 날개 시 자이며, 곤충 공부할 때 자주 나오는 한자라서 익혀 두면 도움이 됩니다. 날개가 있는 종류, 즉 유시류는 다시 날개를 포개어 접을 수 있느냐 없느냐에 따라서 고시류(古翅類), 신시류(新翅類)로 나눕니다. 고시류는 옛날 날개를 지닌 종류로 날개를 포개어 접을 수 없으며, 잠자리(일부 실잠자리 제외)와 하루살이가 여기에 속합니다. 신시류는 새로운 날개를 지닌 종류로 날개를 포개어 접을 수 있으며, 대부분 곤충이 여기에 속합니다.

翅 (날개시)
→ 날개라는 뜻

• 무시류 : 날개 없다.

• 유시류 : 날개 있다.
  → 고시류 : 날개 접을 수 없다.
  → 신시류 : 날개 접을 수 있다.

* 잠자리는? 유시류이면서 고시류!

••• 영국 과학사진 사이트(www.sciencephoto.com)에 들어가 damselfly-penis라고 검색하면 전자현미경으로 찍은 실잠자리 생식기 사진을 볼 수 있습니다. 다른 수컷의 정자를 파낼 수 있게끔 생겼습니다.

잠엽성 곤충

애벌레 성장 앨범

산책하다가 재미난 무늬가 새겨진 잎을 봤습니다. 꼭 누군가가 잎에다가 불규칙하게 낙서해 놓은 것 같은 이 무늬는 잎 속에서 굴을 내며 살아가는 잠엽성 곤충 애벌레의 흔적입니다. 날씨가 따뜻해지고 식물이 쑥쑥 자라는 시기에는 이런 흔적을 금방 찾을 수 있습니다.

애벌레가 출발한 입구 쪽 굴은 좁은데, 출구 쪽으로 갈수록 점점 넓어집니다. 애벌레가 자라면서 몸집이 커지다 보니 굴도 넓어졌겠지요. 길 중간중간에는 까맣게 똥도 있습니다. 똥은 출구가 가까워질수록 많아졌습니다. 역시나 몸집이 커지다 보니 많이 먹고 많이 쌌다는 뜻이겠지요. 출구 끝에는 번데기 방이 있었습니다. 잎 한 장이 꼭 애벌레 한 마리의 성장 앨범 같습니다.

잠엽성 곤충이 잎에다 낸 다양한 굴

출구는 넓다.

입구는 좁다.

이처럼 애벌레 시절에 잎 속에서 굴을 내며 살아가는 곤충은 파리 종류, 잎벌 종류, 나방 종류, 딱정벌레 종류 등 참 많습니다. 아직 이 굴의 주인공이 누구인지는 밝히지 못했지만, 부디 무사히 번데기 시기를 넘기고 어른벌레가 되었기를 바랍니다.

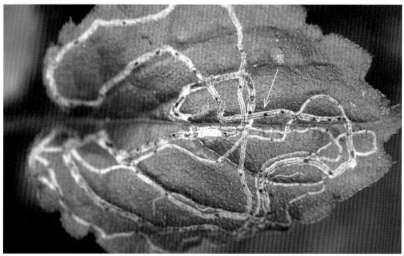

바구미 무리

일단 기절하고 보자

산책 나갈 때는 항상 카메라를 챙깁니다. 곤충을 만날지도 모르니까요. 어슬렁어슬렁 걸으면서도 매의 눈으로 여기저기를 살핍니다. 하지만 곤충이 '나를 찍으시오'하면서 기다려 주지 않으니 허탕을 칠 때가 많습니다.

역시나 별다른 성과 없이 털레털레 집으로 돌아가는 길. 개울가에 쑥이 허리 높이까지 자랐습니다. 쑥은 이른 봄에 보이는 것처럼 내내 바닥을 기는 정도로만 자라는 줄 알았는데 여름이 지나니 금방 무성해지더라고요. 그런데 우거진 쑥 잎에 뭔가가 붙어 있습니다. 가까이서 보니 바구미가 짝짓기를 하고 있습니다. 오! 드디어 찍을 거리가 생겼네요. 숨조차 제대로 쉬지 않고 살금살금 다가가 찰칵, 하는 순간! 바구미들이 바닥으로 뚝 떨어졌습니다.

보통 곤충은 놀라면(위협을 느끼면) 날아가거나 재빨리 기어서 어디론가 숨습니다. 그런데 바구미 종류는 그대로 기절해 버립니다. 죽은 척하는 거예요. 먹잇감이 움직이지 않으면 죽었다고 여겨서 먹지 않는 포식 동물이 있고, 바구미는 이런 특성을 알고서 죽은 척 그러니까 의사행동(擬死行動)*을 하는 거지요. 포식자 또는 위협 대상이 내는 작은 진동만 느껴도 기절한답니다.

흰띠길쭉바구미. 짝짓기하다가 제가 카메라 셔터를 누르니 기절해 버렸습니다.

극동버들바구미를 만났습니다. 살짝 잡았더니 역시나 기절하고는 시간이 좀 지난 뒤에 깨어났습니다.

놀라게 할 의도는 아니었는데, 카메라 셔터음이 녀석들에게는 죽은 척해야 할 만큼 큰 위협이었나 봅니다. 흔들어 보기도 했지만 소용없었습니다. 미안한 마음에 줄곧 지키고 있었더니 한참 만에 깨어났습니다. 다시 살아나서 얼마나 다행인지 모릅니다.

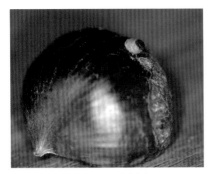

밤바구미 애벌레가 얼굴을 쏙 내밀었어요.

밤을 까 보기 전까지는 이런 애벌레가 안에 있는지
알 수가 없어요.

언제 그렇게 더웠냐는 듯이 아침저녁으로 꽤 시원해졌습니다. 가을입니다. 하루하루 높아지는 하늘 덕분에 눈이 즐겁고, 탐스럽게 익은 밤 덕분에 입이 즐거운 계절입니다. 그런데 밤을 먹을 때 괴로운 점이 딱 하나 있어요. 바로 이따금 밤에서 얼굴 빼꼼 내미는 밤바구미 애벌레가 있다는 점입니다.

밤꽃 수정이 끝나고 밤이 맺힐 무렵, 밤바구미(140쪽 참조)는 긴 주둥이로 밤에다 구멍을 뚫고 산란관을 넣어 알을 낳습니다. 알은 밤 속에서 열흘쯤 뒤에 부화하고, 애벌레는 열매살을 먹으며 무럭무럭 자랍니다. 똥도 밤 안에다 싸고요. 그래서 밤을 먹기 직전까지는 애벌레가 그 안에 있는지 알 길이 없습니다. 밤에서 탈출한 애벌레는 땅속으로 들어가 겨울을 납니다. 이듬해 7월쯤 번데기가 되었다가 8월부터 날개돋이를 시작하고요. 다른 바구미들처럼 밤바구미도 깜짝 놀라면 그대로 기절해 버린답니다.

• 쇠족제비의 의사행동

바구미를 비롯해 다양한 동물이 의사행동을 합니다. 고양이한테 붙들린 쇠족제비가
의사행동하는 모습을 지켜봤습니다.

고양이한테 붙잡히자 쇠족제비가 죽은 척합니다.

쇠족제비가 죽었다고
여긴 고양이가 손을
놓습니다.

여전히 쇠족제비는 죽어(?) 있습니다.

이때다! 틈을 노리던 쇠족제비가 깨어나
줄행랑칩니다. 고양이가 쇠족제비 연기에 깜빡
속았습니다.

거위벌레 무리

구멍 뚫기 선수와 숲속 재단사

가을 산행을 하다 보면 잎이 달린 채로 떨어진 도토리를 볼 수 있습니다. 언뜻 바람에 떨어진 것처럼 보이지만 사실은 어미 도토리거위벌레가 정성스럽게 잘라 땅으로 떨어트린 겁니다. 도토리 안에서 부화한 애벌레가 땅속으로 들어가기 쉽도록 미리 손을 써 놓은 거지요.

도토리거위벌레는 알을 낳으려고 기다란 주둥이로 도토리에다 1차 구멍을 뚫고, 미세한 갈퀴가 달린 큰턱으로 2차 구멍을 더 크게 파냅니다. 그래서 도토리거위벌레가 낸 구멍은 입구는 좁고 안쪽은 넓습니다. 이런 방식을 응용* 해 확공형 드릴이 발명되기도 했답니다.

도토리에만 구멍을 내는 도토리거위벌레는 밤에 구멍을 내는 밤바구미와 비슷하게 생겼습니다. 둘 다 주둥이는 길지만 더듬이 생김새가 달라요. 도토리거위벌레는 일직선이고 밤바구미는 꺾였어요.

도토리거위벌레가 자른
갈참나무 가지

도토리 안에 있는
도토리거위벌레 알

도토리거위벌레와 밤바구미 비교

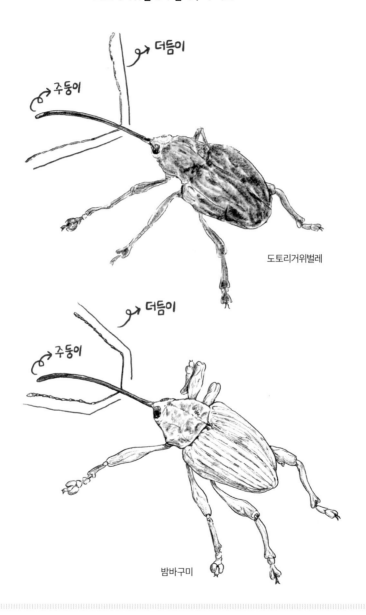

더듬이

주둥이

도토리거위벌레

더듬이

주둥이

밤바구미

　도토리거위벌레가 구멍 뚫기 달인이라면 등빨간거위벌레는 숲속 재단사입
니다. 잎에다 알을 낳고 적당하게 자른 다음 돌돌 말아 땅으로 떨어트립니다.
종류에 따라 잎을 재단하는 방식은 조금씩 다르지만 다들 손끝이 아주 야무집
니다. 아! 곤충이니까 발끝이려나요.

등빨간거위벌레

알을 낳은
잎을 정교하게
재단합니다.

도꼬마리

• 생물 특징을 응용해서 사람에게
필요한 물건을 만들어 내는 기술을
생체모방기술(Biomimicry)이라고
합니다. 우리가 흔히 찍찍이라고
부르는 벨크로도 도꼬마리가 옷을
비롯한 여러 곳에 척척 달라붙는
특징에서 착안한 제품입니다.

싸우자! 덤벼라!

초가을, 찌는 듯한 더위가 한풀 꺾일 무렵이면 왕사마귀를 비롯한 사마귀가 부쩍 눈에 띕니다. 사마귀가 가을을 맞이한다는 건 6월의 습기*도, 7~8월의 폭염도 견디며 성장해 살아남았다는 뜻입니다.

사마귀는 5월 즈음 나오기 시작합니다. 다만 이때는 너무 작아서 일부러 찾지 않으면 잘 보이지 않습니다. 겨울에 알집이 있는 곳(햇볕이 잘 닿는 나무나 돌멩이 옆면)을 기억해 놓았다가 5월에 찾아보면 약충이 알집에서 나오는 모습을 관찰할 수 있습니다. 알집의 좁은 틈으로 얼굴부터 빼꼼 내밀고, 곧 그네를 타듯이 몸을 앞뒤로 흔들며 그 반동을 이용해서 나머지 몸을 빼냅니다. 알집에서 나온 약충은 잠시 쉬며 몸을 말리고 곧 어디론가 사라집니다. 사마귀는 번데기 과정을 거치지 않기에 여러 차례 허물을 벗으면서 성장합니다.

왕사마귀

좀사마귀. 왕사마귀보다 크기가 작고 다리 안쪽에 세 가지 색깔 무늬가 선명합니다.

왕사마귀. 앞가슴 무늬가 노란색입니다.

사마귀. 앞가슴 무늬가 주황색입니다.

왕사마귀 알집 내부

좀사마귀 알집

약충이 알집에서 나오는 모습

허물을 벗는 모습

사마귀는 머리가 세모 모양이며, 뒤쪽까지 휙 돌릴 수 있습니다. 머리 한가운데에 있는 점 3개는 홑눈이고, 머리 양옆에는 낱눈이 모인 겹눈이 있습니다. 겹눈 속에는 까만색 눈동자 같은 점이 보입니다. 가짜눈 또는 유사동공이라고 부릅니다. 그런데 이 가짜눈은 뒤에서 보면 뒤로 따라오고, 옆에서 보면 옆으로 따라옵니다. 머리는 안 움직이는데 가짜눈만 움직이니 조금 무섭습니다. 관찰자가 보는 각도에 따라 겹눈 속 어떤 낱눈에서는 빛이 반사되고 어떤 낱눈에서는 빛이 흡수되기 때문에 이런 현상이 나타납니다. 또한 밤에는 빛을 더 많이 받아들이고자 멜라닌 색소가 눈으로 옮겨 가기에 겹눈 전체가 검게 변합니다.

사마귀 가슴 가운데에는 초음파를 감지할 수 있는 귀가 있습니다. 그래서 초음파로 먹잇감을 찾는 박쥐를 피할 수 있다고 합니다. 사마귀 배 끝에는 더듬이처럼 생긴 꼬리털이 2개 있습니다. 알을 낳을 때 거품 같은 물질을 내보내면서 그 속에다 알을 차곡차곡 쌓습니다. 이때 알들이 각자 자리를 잘 잡도록 꼬리털을 씁니다. 거품 같은 분비물은 굳으면서 스펀지처럼 변해 알집의 보온성을 높여 줍니다.

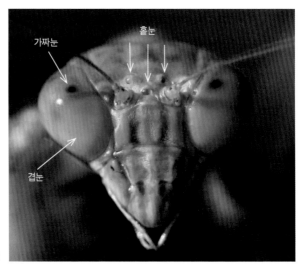

사마귀 얼굴

사마귀 눈

뒤에서 본 모습

옆에서 본 모습

밤에는 겹눈 전체가
까맣게 변합니다.

귀. 가슴에 있습니다(살아 있을 때는 연두색인데 죽은
사마귀를 찍었더니 갈색으로 보입니다).

꼬리털

　용감한 척하는 곤충으로는 1등인 사마귀는 위협을 느끼면 피하지 않고 공격 자세를 잡습니다. 어릴 때도 마찬가지고요. 상대가 누구건 늘 싸우자! 덤벼라! 이렇게 외치는 것 같습니다. 이런 모습에서 제 역량은 생각하지 않고 강한 상대나 되지 않을 일에 덤벼든다는 당랑거철(螳螂拒轍)이라는 말도 나왔습니다.

　먹이가 부족하면 암컷은 짝짓기를 하다가 수컷을 잡아먹기도 합니다. 이렇게 먹힌 수컷은 암컷의 영양분이 되어 알의 생존력을 높이는 셈이지요. 그렇다고 수컷이 순순히 잡아먹히지는 않습니다. 벗어나려고 싸우기도 합니다.

상대를 가리지 않고
공격 자세를 취합니다.

잽싸게 낚아챘습니다.

왕사마귀가 파리를 노리고 있습니다.

• 습도가 높은 장마철이면 사마귀를 비롯해 백강균에 감염된 곤충을 흔히 볼 수 있습니다. 백강균은 살아 있는 곤충 몸속에 포자로 침투해 퍼지는 곰팡이균입니다. 백강균에게 영양분을 다 빼앗긴 숙주 곤충은 흰색 곰팡이로 뒤덮이고 최소 5일 안에 죽습니다.

백강균에 감염된 사마귀

백강균에 감염된 곤충들

파리매

하늘의 암살자

매처럼 사냥을 잘하는 파리라고 해서 파리매입니다. 영어권에서는 강도파리 (Robber fly)라고 하고요. 먹잇감을 잡으면 다리 사이에 가둡니다. 그리고는 먹 잇감 등에다 침을 꽂아서 신경독과 소화 효소를 주입합니다. 신경독은 먹이가 빨리 죽도록 하고, 소화 효소는 몸속 조직을 녹입니다. 먹잇감 몸속 조직이 다 녹으면 파리매는 국처럼 후루룩 마십니다.

이처럼 살벌한 사냥꾼이 물에 빠져 허우적거리는 걸 봤습니다. 사냥꾼 체면 을 구겼네요. 막대기를 써서 건져 주고는 파리매가 정신을 차릴 때까지 요모 조모 살펴봅니다. 뒷다리가 매우 굵습니다. 공중에서 먹잇감을 낚아채 가두기 에 유리해 보입니다. 그래서인지 어쩐지 감옥 창살 같습니다. 주둥이는 크고 마치 새의 부리 같습니다. 겹눈도 커다랗고, 머리 꼭대기에 홑눈이 3개 있습니 다. 몸에는 가시처럼 생긴 뻣뻣한 털이 가득하고요, 날개는 한 쌍만 있습니다.

물에 빠진 걸
건졌습니다.

수컷은 꼬리에 하얀 털 뭉치가 달려 있습니다. 페로몬을 품은 털입니다. 암컷은 알을 낳아야 하니 수컷에 비해 배가 통통합니다. 파리매 알집은 흰 거품 같은 물질로 뒤덮여 있습니다. 그런데 여기에 기생벌이 알을 낳기도 합니다. 하늘의 암살자도 기생벌 공격에는 속수무책이네요.

사냥하는 모습

짝짓기

하얀 거품으로 둘러싸인 알집

기생벌에게 공격당한 알집

알집 겉과 속

사향제비나비·산호랑나비 애벌레

나 화났어!

시골에는 빈 집이 제법 있습니다. 사람은 살지 않지만 풀이 마구 자라는 탓에 곤충을 비롯한 생물이 살기에는 좋은 환경입니다. 슬쩍 기웃거려 보는데 쥐방울덩굴 근처에서 사향제비나비 애벌레를 발견했습니다. 얼추 스무 마리는 넘어 보입니다. 사향제비나비의 주요 먹이식물*이 쥐방울덩굴이거든요. 애벌레가 귀여워서 톡 건드리니 이 작은 녀석이 바락! 성질을 냅니다. 주황색 뿔을 잔뜩 세우고는 '내 몸에는 독이 있어! 나를 먹으면 너는 괴로울 거다!'라는 뜻으로 경고하네요.

산호랑나비 애벌레도 성질머리가 보통이 아닙니다. 살짝 건드렸다고 노란색 냄새뿔을 치켜세웁니다. 냄새로 적을 쫓아내려는 거죠. 산호랑나비는 주로 미나리, 참당귀, 탱자나무, 유자나무, 백선 등을 먹습니다. 이런 식물 주변을 살피면 산호랑나비 애벌레를 쉽게 찾을 수 있습니다. 포실한 생김새와 달리 발톱은 또 얼마나 날카로운지 몰라요.

사향제비나비 알

사향제비나비 고치

평소 모습

화가 났을 때 모습

사향제비나비 애벌레

냄새뿔

발톱

산호랑나비 애벌레

• 어떤 동물은 특정 식물만 먹으며 삽니다. 이런 식물을 해당 동물의 먹이식물(기주식물, 식초)이라고 하며, 이렇게 살아가는 동물은 기주 특이성이 있다고 표현합니다. 특히 나비 종류 애벌레가 그렇습니다. 대개는 엇비슷한 식물 무리를 먹이식물로 삼습니다. 그러나 어떤 애벌레는 오로지 한 식물만 먹기도 해서 그 식물이 없으면 굶어 죽기까지 합니다. 그렇기에 나비 암컷은 반드시 애벌레 먹이식물에 알을 낳습니다. 알에서 깨어난 애벌레가 바로 먹이를 먹을 수 있게 말이지요. 이를테면 누에나방은 뽕나무, 네발나비는 환삼덩굴, 호랑나비는 산초나무, 산호랑나비는 미나리, 사향제비나비는 쥐방울덩굴, 배추흰나비는 십자화과 식물을 주로 먹습니다. 곤충 외에 기주 특이성이 있는 동물로는 유칼립투스 잎만 먹는 코알라, 대나무 잎만 먹는 판다를 꼽을 수 있습니다.

박각시 무리

애벌레 진짜 다리 가짜 다리

비가 내려 쌀쌀한 낮에 녹색박각시를 만났습니다. 박각시를 비롯한 나방은 야행성이라 낮에 보기 힘든데 말이지요. 얼른 카메라를 가까이 대고 사진을 찍는데도 이 녀석은 가만히 있습니다. 곤충은 변온동물이기에 외부 온도에 따라 체온이 변하는데요(187쪽 참조), 오늘은 날씨가 쌀쌀하다 보니 체온이 떨어져 잘 움직이지 못하나 봅니다. 나방 무리*답게 날개를 펴고 앉아 있네요.

　박각시 종류는 대개 몸집이 크고, 날개에는 꼭 콩고물이라도 묻혀 놓은 것처럼 인편(비늘)이 많습니다. 조심스레 손으로 잡아 보면 인편이 먼지처럼 떨어질 정도입니다. 그래서 거미줄 같은 데에 걸리더라도 인편 몇 개만 떨구면 도망칠 수 있습니다. 대체로 주둥이(빨대입)**가 길며, 특히 꼬리박각시는 정말 깁니다. 우리나라에는 벌새가 살지 않는데요, 벌새를 봤다고 하면 대개는 꼬리박각시를 본 겁니다.

콩박각시

녹색박각시

꼬리박각시. 긴 주둥이로 꽃꿀을 먹는 모습이 벌새와 닮았습니다.

어른벌레만큼이나 애벌레도 생김새가 인상 깊습니다. 여느 애벌레보다 몸집이 크고, 꼬리 쪽에 뿔이 나 있습니다. 흔히 뿔이 있는 쪽을 머리라고 생각하지만 사실은 반대입니다. 영어권에서는 이 뿔을 특징으로 삼아서 박각시 애벌레를 뿔벌레(Horn worm)라고 부릅니다(참고로 박각시 어른벌레는 매처럼 빠르게 난다고 해서 매나방(Hawk moth)이라고 합니다).

또 다른 특징 중 하나가 애벌레 시절에만 나타나는 배다리입니다. 원래 다리 3쌍은 가슴 쪽에 있고, 배다리 5쌍은 이름처럼 배 쪽에 있습니다. 배다리는 어른벌레가 되면 사라지기에 가짜 다리라고도 합니다. 빠르게 이동하거나 가지에 매달릴 때에 유용합니다.

박각시 애벌레에게는 몸마디마다 작은 숨구멍이 있습니다. 평소에는 이 구멍으로 숨을 쉽니다. 그러다 위협을 느끼면 몸을 둥글게 말았다가 빠르게 펴면서 숨구멍으로 빠르게 공기를 내뿜으며 쉭쉭! 쉭쉭! 하는 짧고 굵은 소리를 냅니다. 처음에 이 소리를 들었을 때 저도 깜짝 놀라 뒷걸음질 칠 정도였으니 다른 천적에게도 경고음으로 충분할 것 같습니다. 애벌레 시기가 끝나면 땅속으로 들어가 번데기가 됩니다. 애벌레처럼 번데기 생김새도 독특합니다. 주둥이가 뿔처럼 길게 나와 있어서 금방 알아볼 수 있습니다.

애벌레 몸 구조

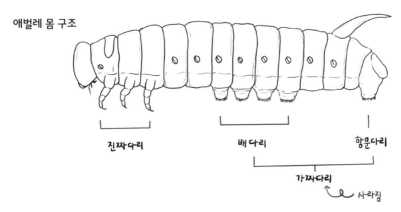

진짜다리   배다리   항문다리

가짜다리
↳ 사라짐

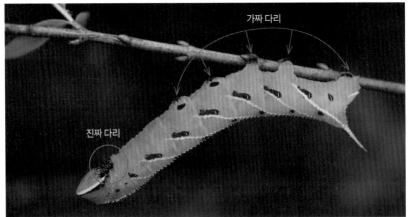

가짜 다리

진짜 다리

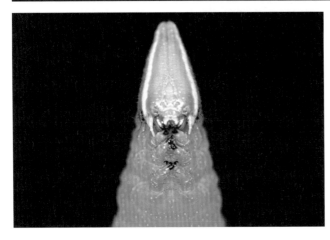

대왕박각시 애벌레.
진짜 다리 3쌍은 얼굴
바로 아래에 있습니다.

콩박각시 애벌레. 주변 환경에 따라 몸 색깔을 바꾸기도 합니다.

여름형   가을형

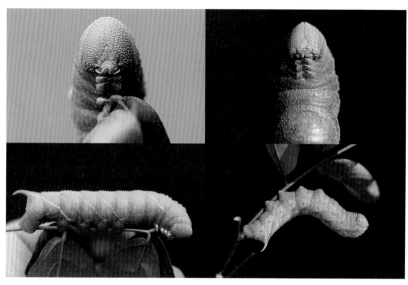

우단박각시 애벌레. 뱀 생김새를 흉내 냈습니다(의태). 만져 보면 뱀처럼 부드럽습니다.

꼬리박각시 애벌레

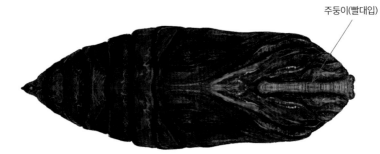

주둥이(빨대입)

박각시 번데기. 애벌레 시기가 끝나면 땅속으로 들어가 번데기가 됩니다.
뿔처럼 생긴 주둥이(빨대입)가 길게 나와 있습니다.

• 나비와 나방은 같은 나비목에 속합니다. 큰 틀에서 아래 표와 같은 점을 들어 두 무리를
구별할 수 있습니다. 그렇지만 이것이 절대적 기준은 아니며, 무리 또는 종에 따라 다를 수도
있다는 점을 함께 알아 두세요.

나비	나방
대체로 낮에 활동한다.	대체로 밤에 활동한다.
대개 더듬이가 곤봉 모양	대개 더듬이가 실 또는 빗살 모양
대체로 날개를 접고 앉는다.	대체로 날개를 펴고 앉는다.
대부분 뒷날개에 날개가시*가 없다.	대부분 뒷날개에 날개가시가 있다. (박가시는 없음)

* 날개가시는 앞날개와
뒷날개를 연결해 줍니다.
두 날개가 하나로
이어지면 더 힘차게 날 수
있습니다.

•• 찰스 다윈은 마다가스카르에서 자라는, 꿀샘이 아주 긴 난초를 받아 보고는 이 꽃의
꿀을 먹는 곤충이 있으리라 여겼습니다. 그리고 이 곤충은 주둥이가 아주 길 것이라
확신했습니다. 다윈이 세상을 떠나고 몇십 년 뒤에 이 예상은 사실로 밝혀졌습니다.
마다가스카르에서 주둥이가 무려 30센티미터 남짓인 박각시가 발견되었고,
이 박각시는 꿀샘이 아주 긴 난초에서 꿀을 빨아 먹었습니다. 이후 사람들은 이 난초를
다윈 난(Darwin's orchid)이라고 부르며, 꽃과 곤충의 공진화를 설명할 때 사례로 인용합니다.
꼬리박각시의 주둥이가 긴 것도 공진화의 일종으로 볼 수 있겠지요.

다윈 난

다윈 난에서 꿀을 빠는,
주둥이가 아주 긴 박각시

매미나방

따뜻한 스펀지 집 출신

생김새가 독특한 애벌레가 꾸물꾸물 기어가는 걸 봤습니다. 머리 쪽에는 파란 점이 4쌍 있고, 꼬리 쪽에는 빨간 점이 6쌍 있었습니다. 볼록 튀어나온 점들에는 긴 털이 잔뜩 달려 있었고요. 당시에는 어떤 애벌레인지 몰라 사진을 찍고는 파일명을 '빨갛고_파란_점.jpg'로 기록해 뒀지요. 그런데 어느 날, 이 애벌레가 뉴스에 나오지 않겠어요? 대량 발생하는 바람에 산림을 파괴하는 주범으로요. 바로 매미나방의 애벌레였습니다.

알고 보니 매미나방은 국제적인 곤충이더군요. 살지 않는 곳이 거의 없고, 대량 발생하면 우리나라에서처럼 숲을 망가트리기 때문에 대부분 나라에서 해충으로 여깁니다. 유럽과 영미권에서는 집시나방으로도 불렸습니다. 그런데 최근 미국에서는 해충에 '집시'라는 명칭을 쓰는 게 특정 인종을 비방하는 뜻으로 쓰일 수 있다는 점을 들어 스펀지(해면)나방으로 이름을 바꿨습니다. 매미나방 알집이 스펀지처럼 생겼거든요.

매미나방 애벌레.
빨갛고 파란 점이
특징입니다.

매미나방 암컷은 수컷보다 덩치가
큽니다. 날개는 밝은 바탕에 검은 줄무
늬가 있습니다. 성충이 된 후 입이 퇴화
해 아무것도 먹지 못하고, 오로지 알을
낳는 데에만 힘을 쏟습니다. 페로몬을
퍼트려 수컷을 부릅니다. 수컷은 날개
전체가 어두우며 더듬이가 빗살 모양
입니다. 매미나방은 1년에 딱 한 번, 한
세대만 나타납니다.

매미나방이 알을 낳는 모습

암컷은 자기 가슴 털을 뜯어 알집을
만들고 여기에다 알을 낳습니다. 암컷
한 마리가 알집 3~4개를 만듭니다. 알
은 이듬해 봄에 부화할 때까지 따뜻한 스펀지 같은 알집에서 겨울을 납니다.
겨울철이면 나무에 붙은 매미나방 알집을 쉽게 볼 수 있습니다. 다닥다닥 엄
청 많이도 붙어 있습니다. 그런데 매미나방은 나무뿐 아니라 인공 구조물에도
알을 낳습니다. 보통은 애벌레가 알에서 깨어 나오면 바로 먹이를 찾을 수 있
게끔 먹이식물 주변에다 알을 낳는데, 매미나방은 아무 데나 알을 낳아도 다
잘 자라나 봅니다. 생존력이 대단하네요.

알에서 나온 애벌레는 처음에는 색이 어둡고, 모두 뭉쳐서 지냅니다. 수컷
은 네 차례, 암컷은 다섯 차례 허물을 벗으며 그때마다 점점 색이 바뀝니다. 종
령에 가까워질수록 특징인 빨간색과 파란색 점이 또렷해지고, 머리 쪽에 파란
색 점이 2쌍 더 생기며, 머리도 밝은 노란색을 띱니다. 애벌레는 유난히 많은
털로 몸을 방어합니다. 털은 독 물질을 분비하는 독샘과 연결되어 있어서 피
부가 예민한 사람이 털을 만지면 가려움증이나 알레르기 증상이 나타날 수 있
습니다. 그러니 새도 매미나방 애벌레를 꺼릴 테고요.

매미나방 알집이 붙은 나부

매미나방 알집이 붙은 기로등

알집에서 애벌레가 나오는 모습

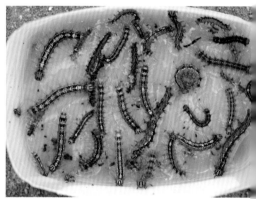

애벌레는 종령에 가까워질수록 점 색깔이 또렷해집니다.

털은 독샘과 연결되어 있습니다.

나의 물 공포증 해결사

저는 강물에 빠져 죽을 뻔한 적이 있어서 아직도 물을 무서워합니다. 도시에서는 굳이 물에 갈 일이 없어서 괜찮았는데 시골에 와서는 고민이 생겼습니다. 더 정확히는 곤충을 관찰하면서부터요. 곤충이라면 숲이나 들에만 산다고 여겼는데 알고 보니 물에도 엄청 많이 살더라고요.

시냇물에서 떠 온 곤충들

물 공포증은 있는데 물속 곤충은 관찰하고 싶고. 한동안 얼마나 고민했는지 모릅니다. 그래도 큰 용기를 내어 개울에 들어갔는데요! 그동안 고민했던 게 무색할 정도로 물이 얕지 않겠어요? 대개는 발목 깊이이고, 깊어도 무릎 정도밖에 되지 않습니다. 물속 곤충을 관찰하러 시내며 계곡을 들락거린 덕분에 저는 시나브로 물 공포증에서 벗어날 수 있었습니다.

물속에는 다양한 곤충이 삽니다. 물이 빠르게 혹은 느리게 흐르는지 아니면 고여 있는지에 따라서 사는 종이 다릅니다. 다만 여기서 물은 민물을 가리킵니다. 바다에는 곤충이 살지 않습니다. 곤충에게는 염분 조절 능력이 없거든요. 그래서 곤충 관찰은 계곡에서부터 강까지가 한계랍니다.

꼭 죽은 것처럼 몸을 뒤집은 채로 헤엄치는 곤충이 있습니다. 바로 송장헤엄치게입니다. 영어권에서는 백스위머(Backswimmer)라고 부르는데요, 이렇게 헤엄치는 데에는 다 이유가 있습니다. 다른 물속 곤충과 달리 숨관이 없고 배 끝에 숨구멍만 있거든요. 그런데 몸을 수평으로 뒤집은 건 아닙니다. 옆에서 보면 사선으로 기울어져 있습니다. 꽁무니는 수면 가까이에 있지만 얼굴은 물속에 풍덩 잠겨 있습니다. 긴 뒷다리는 헤엄칠 때, 나머지 다리는 사냥할 때 씁니다. 다른 장소로 이동할 때는 날아서 가며, 사냥할 때는 다이빙도 합니다.

송장헤엄치게

물 밖에 나와 있는 모습(윗면)

물에 떠 있는 모습(아랫면)

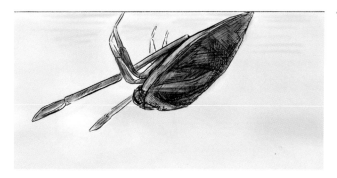

옆면

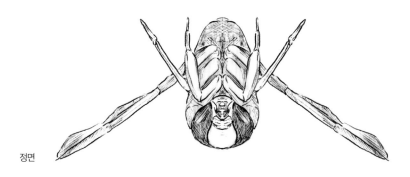

정면

게아재비는 참 날씬하고 길쭉합니다. 나뭇가지로 위장해 천적의 눈을 속이기에 꼭 알맞습니다. 앞다리 2개는 사냥할 때 씁니다. 더듬이는 있는지 없는지 알 수 없을 정도로 짧고, 눈은 볼록 튀어나왔습니다. 아마 게아재비에게는 더듬이보다 눈이 더 중요한 기관이라는 뜻이겠지요. 꼬리 끝에 달린 숨관 2개는 서로 붙어서 하나처럼 보일 때가 많습니다. 물의 응집력 때문에 숨관끼리 달라붙어서 그렇겠지요. 숨관을 물 밖으로 내놓고 숨을 쉽니다. 암컷은 숨관 길이가 몸길이와 비슷하고, 수컷은 더 깁니다. 시냇가에서 낮에 돌아다니며, 날아다니기도 합니다. 한곳에서 많이 나타나 비교적 쉽게 관찰할 수 있습니다.

장구애비는 사냥할 때 쓰는 앞다리가 꼭 낫처럼 생겼습니다. 작은 먹이도 재빨리 낚아챌 수 있는 강력한 무기이지요. 몸은 평평하고 넓적해서 나뭇잎처럼 보입니다. 게아재비처럼 꼬리 쪽에 숨관이 있고, 물 밖으로 숨관을 내밀어 숨을 쉽니다. 숨관 길이는 몸길이와 비슷하고요. 암컷은 수면에 떠 있는 수초에 알을 낳습니다.

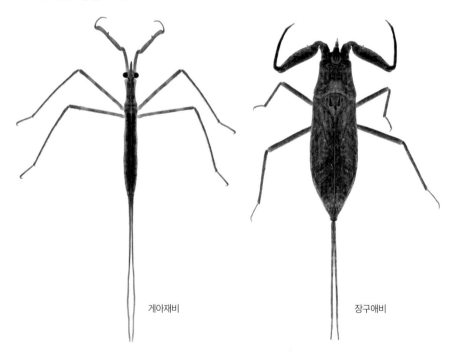

게아재비   장구애비

물자라도 물속에 사는 곤충이라 숨관이 있습니다. 그런데 숨관이 너무 짧아 평소에는 날개에 가려 거의 보이지 않습니다. 물 밖으로 나와 숨을 쉴 때 비로소 꼬리 쪽에서 드러납니다. 몸은 타원형이고, 눈까지 타원형이랍니다. 물의 저항을 덜 받아서 헤엄치기에 유리하겠습니다. 낫처럼 생긴 앞다리는 포획다리라고 부릅니다.

물속에 있는 작은 동물이라면 거의 다 잡아먹습니다. 학배기(잠자리 애벌레)나 올챙이는 물론 작은 물고기까지요. 노린재 종류답게 먹이를 잡으면 침처럼 생긴 뾰족한 주둥이를 먹잇감에다 꽂아 즙을 빨아 먹습니다. 물속에 살지만 노린재는 노린재이니 잡아 보면 특유의 냄새도 납니다.

물자라의 가장 큰 특징은 수컷이 알을 돌보는 점입니다. 암컷은 짝짓기가 끝나면 수컷 등에다 알을 낳고 떠납니다. 그런데 수컷은 등에 알이 가득하지 않으면 다른 암컷을 찾아 또 짝짓기하고 등의 빈 곳에다 알을 낳도록 합니다. 수컷은 새끼가 부화해 나올 때까지 알을 보호하느라* 사냥도 제대로 못합니

물자라

피라미를 먹는 물자라

등에 알을 업고 다니는 물자라 수컷

다. 알을 지고서는 물속에 있을 수 없기에 물 위를 둥둥 떠다니는데요, 이러면 천적 눈에 띄기 쉬워 더욱 위험해집니다. 그런데도 목숨을 걸고 알을 지킵니다.

물방개가 마당으로 날아오더니만 둔탁한 소리를 내며 잔디밭으로 떨어졌습니다. 개울가로 옮겨 주려고 살포시 잡았는데 헤엄치기에 유리한 긴 뒷다리로 어찌나 발길질을 해 대는지 잡고 있기가 살짝 겁날 정도였습니다. 자칫하면 뒷다리 가시에 찔릴 수 있거든요.

마당에 떨어진 물방개 **

물방개는 물에서도, 땅에서도 살 수 있습니다. 유충일 때는 아가미로 숨을 쉬며 물속에서 지내고, 번데기 시절은 땅에서 보냅니다. 성충이 되면 아가미가 사라지기에 숨구멍이 있는 날개 밑 꽁무니 쪽에다 공기방

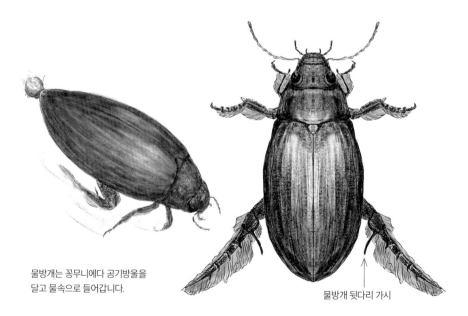

물방개는 꽁무니에다 공기방울을 달고 물속으로 들어갑니다.

물방개 뒷다리 가시

울을 매달고 물속으로 들어갑니다. 공기방울은 물 분자가 서로 끌어당기면서 거품처럼 생긴 겁니다. 물 안에서 공기방울 속 산소를 다 쓰면 공기방울을 터뜨리기도 합니다. 성충이 되면 유충 시절에 있었던 입도 사라지는 대신 강한 턱이 생깁니다. 그만큼 포식성도 강해집니다.

날도래는 동네 시냇물에서 흔히 봅니다. 물이 차갑고 깨끗해서 그런가 봐요. 처음 봤을 때는 그저 작은 돌멩이인 줄 알았는데, 그 안에 날도래 애벌레가 살고 있었습니다. 날도래에게는 소라처럼 몸을 보호할 수 있는 단단한 껍데기 집(패각)이 없습니다. 그래서 대다수 날도래 애벌레는 작은 돌이나 이끼, 나뭇잎 등으로 몸을 숨길 집을 짓습니다. 일부 애벌레는 몸집이 커지면 그에 맞춰서 다시 집을 짓기도 합니다. 대개는 번데기 시절에도 돌이나 나뭇잎 등으로 번데기 방을 짓고 물속에서 지냅니다. 그리고 종류에 따라 수면 또는 물 밖에서 날개돋이를 합니다.

물장군

다른 물속 곤충과 달리 물장군은 실제로
본 적이 없습니다. 개체수가 점점 줄어들어
현재 환경부 지정 멸종위기 야생생물 II급에
속하거든요. 다큐멘터리에서 본 물장군은
사냥 실력이 대단했습니다. 올챙이, 미꾸라지,
개구리는 물론이고 뱀까지 잡아먹더라고요.
언젠가 그 모습을 실제로 볼 수 있을까요?

날도래 종류 애벌레

• 물자라처럼 수컷이 알이나 새끼를 돌보는 사례가 적지 않습니다. 그중 하나가 늑대거미입니다. 늑대거미 수컷은 알을 지고 다니다가 부화하면 새끼도 등에 지고 다니며 돌봅니다.

알을 지고 다니는 모습

 부화한 새끼를 데리고
다니는 모습

•• 웬만한 곳에서는 하늘을 날다가 땅에 떨어진 물방개를 보기가 어렵습니다. 제가 사는 곳이 청정한 지역이기에 운 좋게 발견한 셈이지요. 물방개는 멸종위기 야생생물Ⅱ급이기에 채집하거나 사육해서는 안 됩니다.

물리 공부가 필요해

소금쟁이는 시골집 주변 물이 있는 곳이면 어디서든 쉽게 볼 수 있습니다. 그런데도 볼 때마다 신기합니다. 어떻게 수면에 떠 있을까, 어떻게 스케이트를 타듯이 슥슥 미끄러지며 움직일 수 있을까 싶어서요. 과연 그 비법은 무엇일까요?

물은 분자끼리 끌어당겨 표면의 면적을 작게 하려는 힘이 있습니다. 바로 표면장력*입니다. 물방울이 동그랗게 유지되는 것, 컵에 물이 볼록하게 쌓이는 것 그리고 소금쟁이가 물에 잘 뜨는 것도 표면장력의 결과입니다.

그런데 물에 뜨는 곤충이 소금쟁이만은 아닙니다. 다른 곤충도 물에 뜨기는 합니다. 다만 소금쟁이와 달리 허우적거리기만 하다가 물에서 빠져나오지 못하지요. 소금쟁이가 물 위에서 자유자재로 움직일 수 있는 또 다른 비법은 바로 다리에 있습니다.

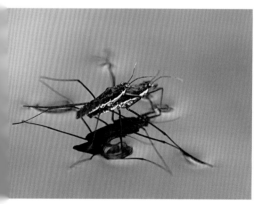

집 주변 어디서든 흔히 볼 수 있습니다.

표면장력 때문에 컵을 가득 채운 물이 흐르지 않고 볼록해졌습니다.

물에 빠졌다가 나오지 못하는 곤충들. 소금쟁이와 달리 그냥 둥둥 떠 있기만 합니다.

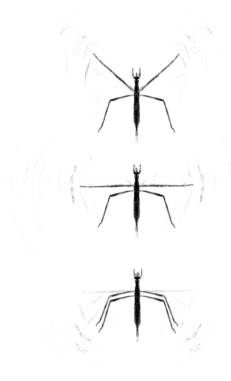

소금쟁이가 이동하는 모습

소금쟁이의 다리 3쌍은 각각 다른 역할을 합니다. 앞다리는 가장 짧습니다. 먹잇감을 사냥할 때나 경쟁자와 싸울 때 씁니다. 평소에는 접고 있다가 필요한 상황에 펀치를 날리듯 슉! 뻗지요. 중간다리는 이동할 때 제일 많이 씁니다. 노를 젓듯이 앞뒤로 움직이면서 추진력을 얻습니다. 뒷다리는 방향을 잡을 때 씁니다. 왼쪽으로 가고 싶으면 오른쪽 뒷다리를, 오른쪽으로 가고 싶으면 왼쪽 뒷다리를 움직입니다. 그래서 한쪽 뒷다리를 잃은 소금쟁이는 제자리만 빙글빙글 돕니다.

그리고 물에 빠지지 않고자 다리를 최대한 넓게 벌려** 무게를 분산합니다. 다리는 몸통 가까운 곳은 두껍고 발 쪽으로 갈수록 가늘어집니다. 또한 몸통과 다리에 왁스로 코팅된 잔털이 있어서 물에 젖지 않습니다. 털 사이에 공기층이 있어 부력 영향도 받을 수 있고요.

소금쟁이는 커다란 눈으로 물에 빠진 곤충이나 숨을 쉬려고 물 표면으로 올라오는 물속 곤충을 쉽게 찾아냅니다. 그런 다음 중간다리와 뒷다리를 써서 돌진하고는 앞다리로 잡아챕니다. 죽어서 물에 뜬 물고기를 먹잇감으로 삼기도 하고요. 그리고 날카로운 주둥이를 먹잇감에다 찔러 즙을 빨아 먹습니다.

소금쟁이를 더욱 자세히 관찰하려고 사진을 찍으면 꼭 그림자가 같이 찍힙니다. 그야 당연하지만 사진에 찍힌 그림자 모양이 독특합니다. 실제 다리는 작고 얇은데 그림자는 굵고 커다랗게 나오거든요. 왜 그럴까요? 소금쟁이가 물을 누른 만큼 물에 굴곡이 생기고, 이 굴곡 때문에 직진으로 들어오는 빛이 굴절되기 때문입니다.

소금쟁이와 그림자

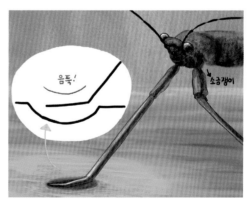

소금쟁이 그림자가 커졌던 이유

• 물에 세제가 들어가면 표면장력이 깨집니다. 그러니 오염된 물에서는 아무리 소금쟁이라도 빠져 죽겠지요. 또한 물에 깃들어 사는 수많은 생물에게도 나쁜 영향을 미치니 시냇물이나 계곡 등에서는 절대로 세제를 쓰면 안 됩니다.

••소금쟁이라는 이름과 관련해서는 여러 가지 설이 있습니다. 그중 하나가 소금가마를 지려는 소금 장수의 모습에서 유래했다는 설입니다. 옛날에는 소금 장수가 지게에다 소금가마를 싣고 팔러 다녔습니다. 소금가마를 얹은 지게는 무게가 80킬로그램 정도 되었답니다. 그러니 아무리 힘센 장수라도 그 지게를 메고 한 번에 일어나기는 어려웠을 겁니다. 그래서 막대기를 짚고 다리를 쩍 벌린 채 천천히 일어나야 했지요. 이 모습이 다리를 쩍 벌린 소금쟁이와 비슷해 보였나 봐요.

먹혀야 산다! 숙주 갈아타기

처음에 연가시가 메뚜기 몸을 뚫고 나오는 모습을 봤을 때는 꽤 충격을 받았습니다. 자연에서 일어나는 일은 고정관념을 가지고 바라보지 않으려 노력하는데도 징그럽다는 생각부터 들었습니다. 그런데 집 주변에서 자주 나타나다 보니 괴이하다고 낙인찍었던 마음이 시나브로 사라졌습니다.

연가시는 아주 맑은 1급수 물에만 사는 선충입니다. 그러니 더럽지도 않고, 병균을 옮기는 일도 없습니다. 혐오스럽다고만 여겼던 생김새도 깨끗한 물에서 자꾸 보니 처음만큼 께름칙하지 않습니다. 꽤 질기고 기다란 몸에 눈은 없지만 머리와 꼬리는 구분 가능합니다. 머리 쪽은 색이 약간 어둡고, 꼬리 쪽은

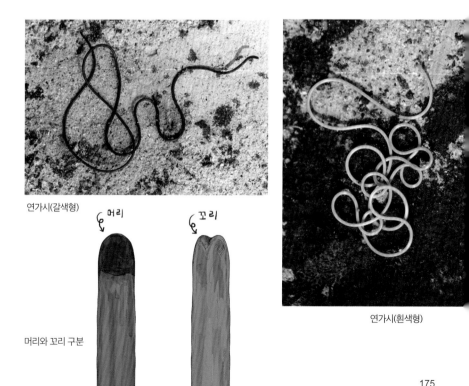

연가시(갈색형)

머리

꼬리

머리와 꼬리 구분

연가시(흰색형)

175

끝이 살짝 파였습니다. 몸은 흰색 또는 갈색 등 다양합니다. 자꾸 마주치니 철사벌레라는 별명처럼 그냥 철사처럼 보이기도 합니다.

연가시는 물에 알을 아주 많이 낳습니다. 알에서 깬 유충은 몇 단계에 걸쳐서 누군가에게 먹혀야 합니다. 기생생물이니까요. 물속에서 태어났으니 주로 물속 곤충에게 먹힙니다. 이를테면 장구벌레(모기 애벌레)나 학배기(잠자리 애벌레)에게요. 연가시 유충은 숙주 곤충이 성장할 때까지 장 세포 안에서 기다립니다. 결코 숙주를 죽이지 않습니다. 숙주가 죽으면 자신도 죽으니까요.

처음 연가시를 먹은 물속 곤충이 어느 정도 자라 사마귀나 메뚜기 등에게 잡아먹힐 때, 연가시도 같이 이동합니다. 이른바 숙주 갈아타기*입니다. 최종 숙주의 몸 안에 정착하면 연가시 유충은 숙주 뇌를 조종해서 물로 유인한 다음 숙주를 물에 빠져 죽게 합니다. 그런 다음 숙주 몸을 뚫고 밖으로 나옵니다.

숙주를 갈아타며 긴 여행을 끝내고 고향으로 돌아온 연가시는 짝짓기를 합니다. 암컷 주위로 수컷들이 몰려들어 서로 엉킵니다. 언뜻 보기에는 풀 수 없을 정도로 엉킨 듯하지만 물속에서는 스르르 쉽게도 풀립니다.

메뚜기 몸에서 나오는 연가시

암컷 주위로 수컷들이
몰려 뒤엉켰습니다.

- 연가시처럼 숙주 갈아타기로 유명한 기생충을 하나 더 소개합니다.

이른바 '좀비 개미'를 만드는 창형흡충(*Dicrocoelium dendriticum*)입니다.

창형흡충의 알은 최종 숙주인 소나 양의 똥과 함께 세상으로 나옵니다. 그리고는 첫 번째 숙주인 달팽이를 기다립니다. 땅을 기던 달팽이가 소나 양의 똥과 함께 이 알을 먹으면, 알은 달팽이의 소화 기관으로 이동해서 애벌레로 부화합니다. 애벌레는 달팽이가 몸에서 끈적끈적한 점액을 분비할 때 이 점액과 함께 달팽이 몸 밖으로 나옵니다. 그리고는 두 번째 숙주인 개미를 기다립니다. 개미가 달팽이 점액을 먹을 때 애벌레는 2차 숙주 갈아타기를 합니다.

개미 몸으로 들어간 애벌레 중 일부는 내장이 아닌 뇌로 이동해서 자랍니다.

창형흡충이 세대를 이어 가려면 최종 숙주인 소나 양에게 먹혀야 합니다. 그래서 흡충은 개미 신경세포를 건드리며 개미가 소나 양에게 먹힐 수 있게끔 풀잎에 매달리도록 조종합니다. 기생 당한 개미는 낮에는 멀쩡하게 다른 개미들과 어울리다가 밤이면 풀잎에 매달립니다. 낮은 너무 뜨거워서 풀잎에 매달렸다가는 개미가 죽을 수 있기 때문에 밤에만 매달리게끔 시키는 거지요.

풀잎에 매달린 개미를 마침내 소나 양이 먹으면 창형흡충은 마지막 숙주 갈아타기에 성공합니다. 흡충은 최종 숙주의 몸속에서 수많은 알을 낳으면서 한 세대를 마무리합니다. 그리고는 다시 그 알에서부터 생애 주기가 반복됩니다.

참밑들이

전갈이 아니야

참밑들이는 우리나라 어디서나 잘 적응해서 삽니다. 특히 계곡 주변에서 많이 볼 수 있어요. 수컷에게는 꼭 전갈 꼬리처럼 생긴 외부 생식기가 있습니다. 수컷은 짝을 찾으려고 날개를 흔들고 페로몬을 내뿜고 배를 위아래로 흔들며 춤을 춥니다. 몇 시간이 걸리더라도 짝을 찾을 때까지 멈추지 않습니다. 이뿐만 아니라 암컷에게 먹이를 선물로 주기까지 합니다. 드디어 암컷이 다가오면 수컷은 전갈 꼬리 같은 생식기로 암컷이 도망가지 못하게 꽉 붙듭니다.

참밑들이 수컷. 생식기는 전갈 꼬리처럼 생겼고 입은 길게 뻗었습니다.

아래쪽에서 본 참밑들이

소리 없이 다가가 쾅!

시골에 살다 보니 이제 웬만한 벌레는 두렵지 않습니다. 그런데 여전히 진드기는 무섭습니다. 살금살금 다가와서는 소리 소문 없이 피를 빱니다. 그러면서 혈소판을 감소시키는 바이러스를 사람 몸에 옮깁니다. 이 바이러스로 걸리는 병이 중증 열성 혈소판 감소증후군(SFTS)입니다. 면역력이 약하면 생명을 잃을 수도 있습니다*. 그래서 숲에 갈 때는 옷차림에 신경을 씁니다. 챙이 달린 모자를 쓰고 긴 팔 윗옷, 긴 바지를 입고 진드기 퇴치 스프레이를 뿌립니다.

진드기는 대체로 눈도 귀도 없습니다. 대신 후각과 열 감지 능력이 아주 뛰어납니다. 그리고 발끝에 잠글 수 있는 갈고리가 있어서 한번 매달리면 떨어지지 않습니다. 숲속에서 숙주가 나타나기를 하염없이 기다리다가 열을 내는 동물이 지나가면 재빨리 알아채고는 점프해서 매달립니다. 포유류뿐만 아니라 새, 심지어는 파충류나 양서류까지 숙주로 삼습니다. 시골에서는 특히 개가 가장 공격을 많이 받습니다. 털이 있고, 여기저기 잘 돌아다녀서 그런가 봐요. 그래서 개와 산책한 다음에는 진드기가 있는지 없는지 특히나 꼼꼼하게 확인해야 합니다.

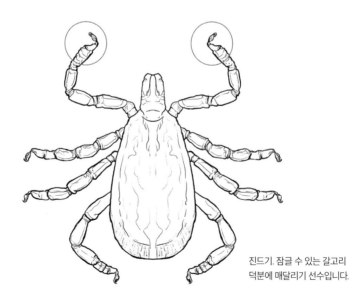

진드기. 잠글 수 있는 갈고리
덕분에 매달리기 선수입니다.

진드기는 대체로 말랑한 종류와 딱딱한 종류로 나눌 수 있습니다. 항문은 배 가운데에서 조금 아래에 있고, 네 번째 다리 부근에 소용돌이처럼 생긴 호흡 덮개가 있습니다.

말랑한 종류

딱딱한 종류

암컷 진드기는 몸무게의 약 600배까지 피를 먹을 수 있다고 합니다. 알을 낳아야 하니 그만큼 피(단백질)가 많이 필요한 거지요. 피를 먹은 만큼 몸도 커집니다. 피를 충분히 먹은 암컷은 스스로 숙주 몸에서 떨어져 나옵니다. 그리고는 알을 낳고자 어둡고 습기가 많은 곳으로 이동합니다. 알은 약 2주 뒤에 부화합니다. 이때는 다리가 3쌍만 있고, 한 번 더 허물을 벗으면 4쌍으로 늘어납니다. 진드기는 수명이 긴 편이어서 3년까지도 삽니다.

진드기 정면 모습

개 몸에 붙은 진드기

개 몸에 붙은 진드기를 떼어 내 비닐봉지에 넣었더니 위협을 느낀 진드기가 바로 알을 낳았습니다. 어마어마하게 많이요. 왼쪽이 암컷입니다. 피를 많이 먹어서 덩치가 커졌습니다. 오른쪽이 수컷입니다.

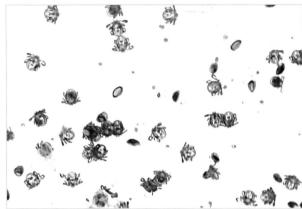

비닐봉지 안에서 진드기 알이 부화했습니다. 처음에는 다리가 3쌍만 있어요.

진드기 주둥이는 톱날같이 생겼고 한 방향으로만 파고듭니다. 그래서 진드기한테 물렸을 때 확 잡아떼면 진드기 주둥이가 피부에 박힐 수 있으니 살살 돌리면서 떼어 내야 합니다. 그리고 몸에서 떼어 낸 진드기를 터뜨려 죽이면 바이러스가 퍼질 수 있으니 꼭 물에 빠뜨려 죽여야 합니다. 진드기에 물린 곳은 붉어져서 언뜻 모기에 물린 자국과 비슷해 보입니다. 하지만 모기에 물렸을 때와 달리 피부가 부풀어 오르지 않고 물려서 붉어진 곳 주변이 흰색으로 변합니다.

진드기 입

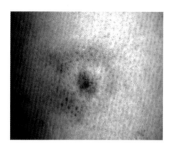

진드기에 물린 자국

진드기

모기

진드기와 모기 자국 비교

진드기 제거 도구

흔히 빨간진드기라고 부르는 다카라다니입니다. 이름과 달리 응애 종류여서 진드기처럼 피를 빨지 않고 주로 꽃가루를 먹습니다. 드물게 알레르기 반응을 일으킬 수는 있으나 대개는 사람에게 해롭지 않습니다. 일본에서 우리나라로 넘어와 조금씩 퍼지는 추세입니다.

• 진드기는 위험한 생물이 맞습니다만, 그렇다고 나쁜 생물은 아닙니다. 생태계는 모든 구성원이 매우 정교하게 연결되어 있기에 균형을 유지할 수 있습니다. 이 중에서 하나라도 연결 고리가 끊어진다면 심각한 문제가 일어날 수 있습니다. 그 예로, 과거 중국에서 참새를 농사에 피해를 주는 해로운 새로 지정하고 보이는 족족 잡아 죽인 적이 있습니다. 그랬더니 참새가 잡아먹던 벌레들이 급증해서 오히려 흉작이 이어졌습니다. 결국 중국 정부는 수많은 참새를 이웃 나라에서 수입해 중국 땅에 풀어야 했습니다.

숲에 들어갈 때는 진드기가 달라붙지 못하도록
긴 팔 윗옷, 긴 바지, 모자 등이 필수입니다.

귀엽다고 만만하지는 않아!

송충이처럼 털 많은 애벌레만 보다가 뿔이 있는 왕오색나비 애벌레를 처음 봤을 때 깜짝 놀랐습니다. 꼭 귀여운 애니메이션 캐릭터 같았거든요. 생김새에 홀딱 반해서 루페로 자세히 살펴봤더니 첫인상과는 달리 꽤 살벌해 보이더라고요. 발톱은 날카로워서 찔리면 아플 것 같고, 이빨은 뭐든 씹어 낼 것처럼 생겼습니다. 등에는 가시 같은 돌기가 돋아 있고요. 처음에는 귀엽게만 보이던 뿔도 적을 겁 주는 데에는 제법 쓸모가 있을 듯합니다.

왕오색나비 애벌레와 생김새가 비슷한 수노랑나비 애벌레를 봤을 때도 비슷한 느낌을 받았습니다. 특히 이 녀석은 얼굴 무늬가 인상 깊었습니다. 꼭 호주 원주민처럼 보디 페인팅을 한 것 같았습니다. 사람 눈에는 독특하고 귀여워 보이지만 몸집이 비슷한 다른 애벌레에게는 위협이 될 수도 있겠지요? 수노랑나비 애벌레도 적을 만나면 뿔을 써서 위협 또는 방어를 합니다.

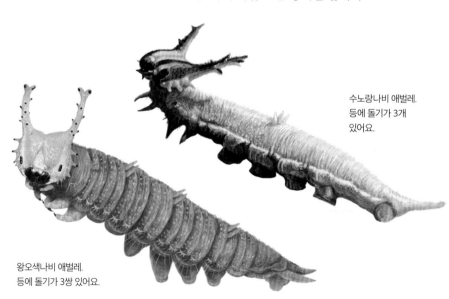

수노랑나비 애벌레.
등에 돌기가 3개
있어요.

왕오색나비 애벌레.
등에 돌기가 3쌍 있어요.

먹그늘나비 애벌레

모든 물질대사를 멈추고, 나뭇잎 아래에서 겨울잠에 듭니다.

겨울잠에서 깬 애벌레

두 애벌레는 말랑말랑한 애벌레 상태로 겨울을 납니다. 겨울에 팽나무 아래 떨어진 나뭇잎 사이에서 겨울잠*을 자는 왕오색나비 애벌레를 발견하고는 얼마나 놀랐던지요. 곤충은 날씨가 추워지면 최대한 건조하고 따뜻한 장소를 찾습니다. 나비 애벌레에게는 낙엽 아래가 바로 그런 곳이지요. 그리고는 부동액 역할을 하는 글리세린** 성분으로 몸을 채운 뒤에 모든 활동을 멈춥니다. 낙엽을 이불 삼아 겨울잠에 드는 거지요. 사실 잠이 들었다기보다는 죽은 상태에 가까운데, 봄이 되면 몸을 녹여 다시 깨어납니다.

• 혹독한 계절인 겨울을 견디고자 많은 동물이 겨울잠에 듭니다.
그런데 항온동물이냐 변온동물이냐에 따라서 겨울잠에 드는 방식이 다릅니다.
곤충 같은 변온동물은 물질대사로 체온을 유지하지 못합니다.
그래서 자주 먹지 않아도 별 문제가 없는 대신 외부 온도가 떨어지면 체온도 같이
떨어지기에 추운 겨울에는 활동할 수가 없습니다.
그렇기에 곤충의 겨울잠은 잠이라기보다는 일시적인 죽음에 가깝습니다.
반면 항온동물은 물질대사로 체온을 유지하기에 끊임없이 먹어야 합니다. 겨울철에는
대개 먹이가 부족하다 보니 곰 같은 동물은 날이 추워지기 전에 최대한 많이 먹고, 날이
풀려 먹이가 많아지는 봄까지 말 그대로 깊은 잠을 잡니다.
봄에 겨울잠에서 깨어 나온 곰은 몸무게가 반으로 줄 정도로 홀쭉한데요, 잠을 자면서도
체온을 유지하느라 에너지를 많이 써서 그렇습니다.
참고로 요즘은 항온동물을 내온동물(內溫動物), 변온동물을 외온동물(外溫動物)이라고
부르기도 합니다. 내온동물은 물질대사로 체온을 유지할 수 있기에 체온의 근원이
몸 안에 있다는 뜻에서, 외온동물은 외부 온도(태양열, 지열)에 의존하기에 체온의 근원이
몸 바깥에 있다는 뜻에서 이와 같은 용어를 씁니다.

•• 순수한 물은 0℃에서 얼지만 소금이나 설탕 같은 물질이 들어가면 어는점이 더
낮아집니다. 물이 얼려면 물 분자끼리 결합해야 하는데 소금이나 설탕이 이 결합을
방해하거든요. 겨울에 곤충이 글리세린 성분으로 몸을 채우는 것도 이 '어는점 내림' 현상과
같은 원리입니다.

풍경 속 고치 찾기

유리산누에나방 고치

눈 내리는 겨울날, 산에 갔다가 내려오는 길에 유리산누에나방 고치를 봤습니다. 연두색 열매처럼 생긴 고치가 나무에 대롱대롱 매달려 있었습니다. 번데기는 날개돋이해서 이미 떠나고 빈 집만 덩그러니 남은 거지요. 눈이 내려 온통 새하얀 풍경 속에서 연둣빛 고치는 퍼뜩 눈에 띕니다. 그래서 온 세상이 초록인 여름에는 찾기가 어렵습니다.

그러던 어느 여름날, 또 고치는 찾기 어렵다는 유리산누에 싫어서 신났는데 어라? 뭔가 달나방 고치보다 크고 탈출구가 니다. 요모조모 살핀 결과 참나다. 여름에는 초록색, 겨울에는 낙

를 봤습니다. 여름에 나방 고치를 찾았다 랐습니다. 유리산누에 위쪽으로 뻥 뚫려 있었습니다 무산누에나방 고치였습니다 엽을 닮은 갈색으로 변합니다.

언젠가 화려한 형광 빛이 나는 애벌레를 보고는 관심이 가서 밤나무산누에나방 고치도 찾아봤습니다. 엉성하기가 그지없어 웃음이 납니다. 바람도 숭숭 드나들 것 같은데 번데기를 보호할 수 있으려나 싶습니다. 밤나무산누에나방 고치도 계절에 따라 색이 변합니다.

참나무산누에나방 고치

여름형

겨울형

참나무산누에나방 고치

유리산누에나방 고치

밤나무산누에나방 고치

여름에 본 모습

겨울에 본 모습. 날개돋이에 실패했는지 고치 안에
번데기가 있습니다.

누에나방 종류 애벌레와 똥

누에나방 종류 애벌레는 몸집이 큰 만큼 많이 먹고 많이 쌉니다. 땅에서 똥을 발견하면 위를 올려다보세요. 분명히
애벌레가 있을 거예요.

반달누에나방 애벌레

산누에나방 종류 애벌레 똥. 몸집만큼이나 똥도 큽니다.
골이 팬 모양 때문에 수류탄 똥이라는 별명이
붙었습니다. 장 모양 때문에 이렇게 생기지 않았나
추측해 봅니다.

참나무산누에나방 애벌레

밤나무산누에나방 애벌레

밤나무산누에나방 애벌레. 기생을 당했어요.

유리산누에나방은 앞날개와 뒷날개에 각각 유리처럼 투명한 눈알 무늬가 1쌍씩 있습니다. 위협을 느끼면 눈알 무늬가 있는 날개를 확 펼쳐서 새 같은 포식자를 놀라게 해 몸을 보호합니다. 다른 산누에나방 종류도 날개에 눈알 무늬가 4개 있습니다. 갑작스레 눈앞에 눈 4개가 나타나면 놀랄 것도 같아요.

날개에 있는 눈알 무늬

참나무산누에나방

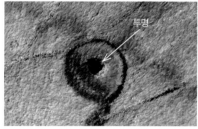

참나무산누에나방 눈알 무늬 확대

투명

밤나무산누에나방

옥색긴꼬리산누에나방

앉아 있는 모습

멧누에나방

산골누에나방

짝짓기

산골누에나방

참나무산누에나방. 암컷 몸이 월등히 큽니다.

알을 품고 죽은 참나무산누에나방

밤나무산누에나방 알. 워낙 커서 눈에 잘 띕니다.
산뿐만 아니라 시골집 주변 아무 데서나 종종 보입니다.

대벌레

아빠 없이 엄마 혼자서 딸만 낳지

몇 해 전, 대벌레가 어마어마하게 대발생*해서 깜짝 놀란 적이 있습니다. 온 산을 뒤덮고는 나뭇잎을 싹 먹어 치웠습니다. 상상을 초월할 만큼 수가 많아 서 대벌레를 마대에 그냥 쓸어 담는 장면이 뉴스에 나오기도 했지요.

대벌레는 꼭 대나무 마디처럼 생겼습니다. 그래서 나뭇가지에 앉아 있으면 좀처럼 알아채기가 힘듭니다. 이처럼 몸을 보호하고자 생김새가 주변 환경이 나 포식자와 비슷해진 현상을 의태(擬態)라고 합니다. 대벌레는 주로 나뭇가지 를 걸어 다니며 잎을 먹습니다. 적을 만나면 땅으로 떨어져 죽은 척하고(의사행 동) 혹시 다리라도 붙들리면 그 다리는 끊어 버리고 도망칩니다.

대벌레 암컷과 수컷은 생김새에서 차이가 납니다. 암컷은 날개와 홑눈이 퇴 화했지만 수컷에게는 모두 있습니다. 하지만 자연에서 수컷을 찾기는 매우 어 려워서 암컷은 단위생식**을 합니다. 단위생식이란 특수한 상황에서 수컷 없 이 암컷 혼자서 번식하는 방식을 말합니다. 수정되지 않은 난자가 홀로 성체 로 성장하기에 2세 또한 암컷입니다.

녹색형 대벌레

193

194

갈색형 대벌레

대벌레 얼굴

　대벌레 종류는 대체로 씨앗을 닮은 알을 낳아서 땅에다 툭 떨어트립니다. 개미가 대벌레 알을 제비꽃 씨앗으로 착각해서 가지고 가게끔 하려고요. 제비꽃은 씨앗에다 지방 덩어리인 엘라이오솜을 붙여 놓습니다. 개미는 씨앗을 둥지로 가져와서는 엘라이오솜을 먹고 씨앗은 버립니다. 제비꽃은 이렇게 개미 도움을 받아서 씨를 널리 퍼트립니다.

　대벌레는 알을 안전하게 부화할 수 있는 공간, 그러니까 개미집으로 옮기고자 제비꽃의 방식을 따라하는 겁니다. 다른 나라에는 스스로 새에게 잡아먹혀서 알을 멀리까지 이동시키는 전략을 택한 대벌레도 있습니다. 알이 씨앗처럼 단단해서 새의 소화관에서도 죽지 않고 빠져나와 부화할 수 있다고 합니다.

• 곤충은 알을 많이 낳습니다. 추운 겨울처럼 알이 부화하지 못하는 상황에 대비해서요. 그렇기에 조건만 맞으면, 이를테면 겨울이 따뜻하다면 곤충은 언제든 대발생할 수 있습니다. 겨울 동안 얼어 죽지 않은 알이 모두 부화하니까요. 겨울이 추워야 이듬해 농사가 잘된다는 말도 겨우내 알이 많이 얼어 죽어서 봄에 나오는 벌레 수가 적어야 농작물 피해를 덜 본다는 뜻입니다. 그런데 최근 들어서는 대벌레 사례처럼 곤충이 대발생하는 일이 잦은 것 같습니다. 이는 점점 따뜻해지는 겨울, 그러니까 기후 변화와 관련 있어 보입니다. 어쩌면 이 시대의 곤충 대발생은 기후 위기의 경고일지도 모르겠습니다.

•• 대벌레처럼 단위생식하는 곤충으로는 진딧물도 있습니다.
진딧물 암컷이 딸을 낳은 모습입니다.

소나무 껍질에 사는 생물

생명의 고리 안에서

장마 기간입니다. 아무리 장마라고 해도 너무하다 싶을 만큼 비가 많이 옵니다. 최근 몇 년 동안 역대 최장 장마, 1차 장마, 2차 장마라는 말을 심심치 않게 듣습니다. 이제는 장마가 아니라 우기라고 해야 한다는 말까지 나오고요. 비가 이렇게 많이 오니 나무가 쓰러지는 일도 종종 일어납니다. 하루는 경사가 급한 뒷산의 소나무가 쓰러지면서 우리 집 마당까지 굴러왔습니다. 나무가 워낙 커서 바로 치우지 못했습니다.

두어 달쯤 뒤에 썩어 가는 나무의 겉껍질을 한 겹 벗겨 봤습니다. 놀랍게도 수많은 애벌레가 모여 있었습니다. 이 작은 녀석들 덕분에 쓰러진 나무는 분해되어 흙으로 돌아가겠지요. 국립공원에서는 비바람에 쓰러진 나무도 바로 옮기지 않는다고 합니다. 사람 관점에서야 깔끔해 보이지 않을 수 있지만 쓰러져 썩은 나무 안에 많은 생명이 깃들어 살기 때문입니다. 그리고 이들이 있어 생태계는 건강하게 순환하며 유지되는 거고요.

늦반딧불이 애벌레.
개울가에 사는 줄
알았는데 나무껍질
속에 있다니
놀랍습니다.

198

방아벌레류
애벌레(추정)

비단벌레류
애벌레(추정)

톡토기류

다양한 곤충이 사는 쓰러지고 썩은 나무
또한 작은 생태계입니다.